建筑施工特种作业人员安全培训系列教材

# 高处作业吊篮安装拆卸工

那建兴 主编

中国建材工业出版社

图书在版编目（CIP）数据

高处作业吊篮安装拆卸工/那建兴主编．—北京：
中国建材工业出版社，2019.1
建筑施工特种作业人员安全培训系列教材
ISBN 978-7-5160-2275-7

Ⅰ.①高… Ⅱ.①那… Ⅲ.①高空作业—安全培训—
教材 Ⅳ.①TU744

中国版本图书馆 CIP 数据核字（2018）第 180951 号

**内容简介**

本书以建设工程安全生产法律法规和特种作业安全技术规范及标准为依据，详尽阐述了高处作业吊篮安装拆卸工应掌握的专业基础知识和专业技术理论知识，阅读本书有助于读者掌握高处作业吊篮安装拆卸的操作技能，助力建设工程安全生产。

**高处作业吊篮安装拆卸工**
那建兴　主编

出版发行：中国建材工业出版社
地　　址：北京市海淀区三里河路 1 号
邮　　编：100044
经　　销：全国各地新华书店
印　　刷：北京雁林吉兆印刷有限公司
开　　本：850mm×1168mm　1/32
印　　张：4.25
字　　数：110 千字
版　　次：2019 年 1 月第 1 版
印　　次：2019 年 1 月第 1 次
定　　价：23.00 元

---

本社网址：www.jccbs.com，微信公众号：zgjcgycbs

# 《高处作业吊篮安装拆卸工》
# 编委会


主　　编：那建兴

编写人员：王明强　焦新刚　杜　磊　那　然
　　　　　马新利　赵丽娅　崔丽娜

# 前　言

为提高建筑施工特种作业人员安全知识水平和实际操作技能，增强特种作业人员安全意识和自我保护能力，确保取得《建筑施工特种作业操作资格证书》的人员，具备独立从事相应特种作业工作能力，按照《建筑施工特种作业人员管理规定》和《关于建筑施工特种作业人员考核工作的实施意见》要求，依据国家建筑施工安全生产法律法规和特种作业安全技术规范及标准，组织编写了《高处作业吊篮安装拆卸工》。

本书系统介绍了建筑施工特种作业人员应掌握的专业基础知识和相关操作技能，内容丰富、通俗易懂、图文并茂、条理分明、专业系统，具有很强的实用性和操作性，可以作为建筑施工特种作业人员的培训用书和日常工具书。

由于编写时间仓促，编者水平有限，书中难免有疏漏和不当之处，敬请批评指正。

编　者

2018 年 8 月

# 目　录

# 第一章 起重吊装基础知识

## 第一节 常用起重绳索与吊具

### 一、绳索

绳索在起重调运工作中专门用来捆绑、搬运和提升物件，常用的绳索有麻绳、化学纤维绳和钢丝绳。

1. 麻绳

麻绳是起重吊运作业中常用的一种绳索，具有轻便、柔软、易捆绑等优点，一般用于质量较小的物体的捆扎。麻绳可分为白棕绳、混合麻绳和线棕绳三种。其中白棕绳的强度较高，使用较为广泛。机动的起重机械及受力较大的地方不得用麻绳。用于滑轮组的麻绳，要求滑轮的直径不得小于麻绳直径的 10 倍。应避免麻绳绳结通过滑轮槽狭窄地方造成缠绕。不要将麻绳和有腐蚀作用的化学品接触，并存放在干燥木板上，不可受潮和高温烘烤。当麻绳表面均匀磨损超过绳径的 30%或局部损伤深度超过绳径的 10%，应降级使用；有断股时禁止使用。

2. 化学纤维绳

化学纤维绳主要有尼龙绳和涤纶绳两种，具有质量轻、柔软、耐腐蚀、弹性好等特点，通常用于吊挂表面光洁或表面不允许磨损的机件和设备。尼龙绳和涤纶绳都有较大弹性，当吊物刚刚吊起时，绳子会有明显的伸长，达到许用应力时，其伸长率可达40%左右，因此化学纤维绳对吊物能起到缓冲作用，但却增加了吊运时的不稳定性，在起重吊装作业时，要防止吊物摆动伤人和回弹伤人。化学纤维绳高温时易溶化，要防止暴晒并远离火源。此外，化学纤维绳摩擦力小，应防止绳子从约束部分内滑出伤人。

3. 钢丝绳

钢丝绳普遍用于起重机的起升、变幅和牵引机构；还可用作桅杆起重机的张紧绳、缆索起重机与架空索道的支撑绳等。在起重吊运作业中，常常被用来捆扎构件、物料和用作索具。

制造钢丝绳时，首先将钢丝捻成股，然后再将股围绕绳芯捻制成绳。钢丝绳按搓捻方法不同可分为顺捻、交捻、混合捻等几种，起重机上广泛采用交捻，这种钢丝绳中钢丝绕成的方向和绳股绕的方向相反，所以在负荷时不会扭动和松散。

钢丝绳的绳芯分为麻芯（棉芯）、石棉芯、金属芯三种。

钢丝绳的选用应考虑滑轮直径、钢丝绳的安全系数和抗拉强度以及吊索因素。

钢丝绳的选择和使用注意事项：钢丝绳的规格应根据不同的用途来选择。钢丝绳的直径应根据载荷的大小及钢丝绳的许用拉力来选择。钢丝绳的长度应能满足当吊钩处于最低工作位置时，保证钢丝绳卷筒上缠绕着2～3圈的减载圈，避免绳尾压板直接承受拉力。新钢丝绳在使用之前应认真检查其合格证，确认钢丝绳的性能和规格符合要求。钢丝绳穿过滑轮时，滑轮槽的直径应略大于绳的直径。如果滑轮槽的直径过大，钢丝绳容易压扁；槽的直径过小，钢丝绳容易磨损。

## 二、吊具

在起重吊运工作中需要各种形式的吊具。常用的有吊索（千斤顶）、卸扣、吊钩、吊环、平衡架和滑轮等。吊具应构造简单、使用方便、容易拆卸，节省人力和时间，并保证起重吊运工作安全可靠。

1. 吊索

吊索是用钢丝绳制成的一种吊具，因此钢丝绳的许用拉力即为吊索的许用拉力，但还应知道吊索内力大小，吊索内力就是吊物件时，吊索实际产生的拉力，在工作中吊索内力不应超过其许用拉力。

吊索内力不仅与物件的质量有关，还和吊索与水平面夹角有关，夹角越大，内力越小；反之夹角越小，吊索内力越大，而且它的水平力还对起吊物件产生相当的压力。吊索最理想状态为垂直，但往往不能如愿，一般不小于30°，控制在45°～60°之间。

2. 卸扣

卸扣用以连接起重中滑轮和固定吊索等，是吊装工作的重要工具之一，通用的有销子式和螺旋式两种。螺旋式较常用，它一般用碳素钢锻制而成，由马蹄形弯环和横销两个主要部分组成。为了脱钩方便，将一般卸扣改制成半自动卸扣，即将横轴改成能在地面用拉绳拉动，横轴被拉出而形成脱钩；放松拉绳，横轴又借弹簧的弹力回到原来位置。卸扣如无合格证明书，在使用前应按额定能力的1.5倍进行拉力试验。

要经常检查弯环和横销的磨损情况，如发现严重磨损、变形或疲劳裂纹，应及时更换。

使用卸扣不得超过规定载荷，并只承受拉力，严禁钢丝绳在卸扣两侧起重。

3. 吊钩和吊环

是应用最广的吊具。吊钩有单钩和双钩两种。吊环是具有环形的封闭外形，常用于起重量很大的起重机上。为了使用方便，一般在吊装重型设备和专用起重机中采用铰接吊环。

吊钩和吊环，一般是锻造的，表面应光滑，不得有剥痕、刻痕、锐角、裂纹等存在，每隔三年检查一次，若发现裂纹，应立即停止使用，如发现危险断面上磨损深度超过10%，应根据实际断面尺寸验算，根据计算确定是否停止或降低载荷使用，不允许对裂纹等有缺陷的吊钩进行补焊修理。

4. 平衡梁

吊装大型物件时，即要保证物件平衡，又要保证物件不致被绳索擦坏，一般采用平衡梁（俗称铁扁担）进行吊装。这种吊装方法简便，安全可靠，它能承受由于倾斜吊装产生的水平分力，减少起吊时物件承受的压力，改善吊耳的受力情况，因而物件不会出现危险的变形，而且还可缩短吊索的长度，减少起吊高度。平衡梁一般有横梁式、三角式、H形等。

5. 滑轮和滑轮组

滑轮实际上是杠杆的变形，是起重吊运工作中重要的工具之一。

滑轮组是由多个滑轮通过特定方式连接组成。滑轮组能省多少力，取决于共同负担物件质量的工作绳数。由于滑轮轴承处存在摩擦力，因此滑轮组在工作时，每根绳索所受的拉力并不相同，跑绳的拉力也不是简单地将物件质量除以工作绳数。

导向滑轮又称“开口滑子”，类似定滑轮，仅能改变绳索的运动方向，不能省力也不能改变速度。

钢丝绳在滑轮组中穿好后，要逐步收紧钢丝绳并试吊，检查有无卡绳、钢丝绳互相摩擦的地方，如有不妥应立即调整。定滑轮和动滑轮应保持一定距离。动滑轮与吊钩应有一定质量，以利空钩能顺利下降。吊装重型设备时，采用跑头的双联滑轮组为好，这样可以避免吊装时产生滑轮偏歪的现象。

6. 滑轮及滑轮组使用时的注意事项

使用前应进行安全检查。铭牌上的额定负荷、种类和性能应清楚；轮槽应光洁平滑，不得有损害钢丝绳的缺陷；轮轴、夹板、吊钩（吊环）等各部分，不得有裂纹和其他损伤。

滑轮轴应经常保持清洁，涂上润滑油脂，转动应灵活。

在可能使钢丝绳脱槽的滑轮上，设防脱装置。

滑轮直径与钢丝绳直径之比要符合要求。

滑轮组在起吊前要缓慢加力，待绳索收紧后，检查有无卡绳、乱绳、脱槽现象；固定滑组的地方有无松动等情况。检查各项无问题后方可作业。

为防止钢丝绳与轮缘摩擦，在拉紧状态时，滑轮组的上、下滑轮之间的距离，应保持在700～1200mm左右，不得过小。

7. 使用多门滑轮时，必须使每个滑轮都均匀受力，不能以其中的一个或几个滑轮承担全部荷载。

8. 作业时严禁歪拉斜吊，防止定滑轮缘破坏。

9. 铸造滑轮出现裂纹、轮槽壁厚磨损达原壁厚的20%、因磨损使轮槽底部直径减少量达钢丝绳直径的50%，以及其他损害钢丝绳的缺陷等情况时，应予报废。

## 第二节 常用起重机具安全技术

### 一、千斤顶

千斤顶是一种简单的起重工具，用较小的力就能把较重的物件顶高或移动体积、长度大的物件，也可用于校正已安装就位的设备、构件的安装偏差。在工作时放在物件下面，不需要其他滑轮组、钢丝绳等辅助工具；按其结构不同，可分为齿条式、螺旋式和液压式等几种。

使用千斤顶时，必须垂直安装在结实可靠的基础上，下面用枕木垫平，顶部还须放木板垫好，以防物件滑动，造成事故。顶升较大、较重的卧式物件，应先抬起一端，斜度不得超出30°（1

：20)，并在物件侧面与地面间隙内放置保险垫。选用两个上以上千斤顶同时工作时，应采用同规格的且每个千斤顶承受的荷载应小于千斤顶额定荷载的50%。

液压千斤顶使用时注意排除空气。螺旋式、齿条式千斤顶都应装有阻止丝杆或齿条完全脱出的限位装置。使用时应按规定的顶升最大高度操作，如无规定，顶升高度不得超过螺杆或齿全长的75%。螺杆或螺母和齿条的牙齿磨损后应降低使用条件，磨损超过20%时应报废。

## 二、手动葫芦和电动葫芦

手动葫芦又称倒链或神仙葫芦，是一种轻便省力的起重工具，与三脚架配合使用，可起吊中、小型设备，或者短距离内搬运设备，可以在垂直和水平状态使用。

使用时应注意，不让链条跳出轮槽，在水平时不让吊钩翻转。拉小链条不能任意增加人数强拉。操作时先把吊钩挂好，反拉链条，将起重链条倒松，使手动葫芦有最大起重距离。起重链条受力后，要检查链条与链轮啮合是否良好，自锁作用是否有效。如重物的质量不清楚，只要一人能拉动，可以继续工作；若一人拉不动，必须查明原因，不得二人或多人强拉。

电动葫芦用钢丝绳作起重索具，手动葫芦是用链条作起重索具。电动葫芦一般起重量为0.5～5t，起重高度8m。使用范围较手动葫芦广泛。电动葫芦必须要装有上、下限位的安全装置，以防止吊钩过高或过低。

## 三、卷扬机

卷扬机又称绞车，是提升和牵引设备，它既可以单独使用，也可以安装在其他起重机械上作为动力，应用十分广泛。

卷扬机按驱动方式分，主要有人力驱动和电力驱动两种。

1. 手动（人力）卷扬机

手动卷扬机通常包括绞磨和手摇绞车两种。因其起重量较小，且劳动强度较大，故多在有电源的地方使用。

绞磨是应用杠杆原理工作的，使用时先把钢丝绳在卷筒上绕4～6圈，绳头应由专人拉紧，并将钢丝绳随时整理好，防止发生卡绳现象。操作完毕，要用铁棍卡住推杆，防止意外转动伤人。

手摇绞车工作时摇动手柄、转动齿轮，齿轮带动卷筒牵引钢丝绳，即可起吊或移动重物。其起重量一般为0.5～3t。手摇绞车应装设棘轮止动装置和摩擦制动装置，以防绞车被重物拖着反转。

2. 电动卷扬机

电动卷扬机，是平面拖曳或垂直升吊作业中主要的起重吊装机具。具有构造简单、易于制造、起重最大、速度快、操作简便的特点。广泛应用于打桩、装卸、拖拉工作或用作起重机和升降机的驱动装置等。它的工作原理与手摇绞车相同，不同之处是滚筒由电动机带动。卷扬机由电动机、齿轮减速器、卷筒、制动器、机座等构成。载荷的提升和下降均为一种速度，由电机的正反转控制。

卷扬机按卷筒数分，有单筒、双筒、多筒卷扬机；按速度分，有快速、慢速卷扬机。常用的有电动单筒和电动双筒卷扬机。

卷扬机的固定，影响到吊装工作的安全可靠，应采用专用锚桩固定两侧，分别用钢丝绳锁固，以防横向移动或倾覆。卷扬机应安装在吊装区域之外，场地平整、便于观察吊装物和搬运物运行情况的地方。钢丝绳应呈水平，从卷筒下面卷入，并尽量与卷筒轴线方向垂直，这样钢丝绳才能排列整齐，不致互相错叠、挤压，必要时可在卷扬机正前方设置导向滑轮，导向滑轮与卷筒保持一定距离，使钢丝绳不致与导向滑轮槽缘产生过分的磨损，以延长其使用寿命。

使用电动卷扬机应注意的事项如下：

经常检查电气线路，特别是制动器应安全可靠，机壳应无漏电现象。

经常加油润滑，减速箱一般加 30 号机油，滑动轴承加黄甘油。

齿轮啮合时声音应正常，如有杂音要停机检修。

卷筒上的钢丝绳当达到最大起升高度时，还应至少保留 3 圈的安全圈。

多台卷扬机同时工作时，要统一指挥，同步操作。

卷扬机要搭设防雨篷避雨，底座用横木垫高防潮。

选用卷扬机时，必须注意工作要求与卷扬机基本参数相符，不能超载。

## 四、桅杆

由于桅杆构造简单、制造费用少、装拆方便，配用电动卷扬机后，可以进行建筑构件和设备安装工作的吊装工作，因此在施工现场广泛使用起重桅杆。其缺点是要设置缆绳。

桅杆可用木质和金属材料（钢管、型钢、钢板）做成。常用有独脚、人字、摇臂、悬臂桅杆等几种类型。

1. 木桅杆

木桅杆选用直而结实的圆木，一般用于起重量 3～5t，起升高度为 8～12m 的轻型吊装工作，使用独立木桅杆要注意：

不能用腐朽、有伤疤的木杆。

悬挂的钢丝绳须在桅杆上部绕两圈后落在横木支撑上。

缆绳数量视桅杆高度和载荷大小而定，一般不得少于 5～6 根。

缆绳与桅杆的连接、滑轮绳与桅杆的连接，其两点的距离越近越好。

应保持一定的倾角以便吊装时，物件不致碰撞桅杆。

2. 钢管独立桅杆

采用钢管制成桅杆，为了增强桅杆起重能力，有时在钢管外围四周加焊角钢。桅杆接长也用角钢，角钢长度一般取桅杆直径的2倍。一般用于30m以下的吊装工作，起重量可达30t，起重高度可达30m。使用桅杆时桅杆根部绑扎有导向滑轮，将起重钢丝绳经过导向滑轮引向卷扬机。在桅杆根部还拴有缆绳，以固定底座位置。

3. 桁架式独立桅杆

这种桅杆由角钢或钢板焊制而成，截面多为正方形，四角的四根角钢为尺寸较小的斜杆，组成一个整体，它是分段组合而成，分段的长度根据运输条件确定，各分段间用连接板和是螺栓相连接，通常除首尾二节外，其余中间各节长度都相等，采用中间节多少来改变桅杆的高度，首尾两节截面逐渐缩小成锥柱体。首节顶端焊有钢板备拴系缆绳用；尾节底座有时做成球铰形式，便于桅杆在工作时改变角度。这类桅杆最大起重量可达100t以上，起重高可达50m以上。

4. 人字桅杆

一般是将两根圆木用钢丝绳捆扎而成，故称两木搭，两杆间的夹角通常为30°，也可用钢管制成。其中一根杆的底部装有导向滑轮，起重绳通过它引到卷扬机。另用一根钢丝绳将两脚固定并连接到地锚，这样才能保证起重时人字架桅杆底部稳固。桅杆交叉处，根据起重量的不同，采用麻绳或钢丝绳绑扎，绑扎20～40圈，要绑两层，各圈要绑紧，空隙处打入木楔，绳结上、下方钉上扒钉或固定块，防止松脱。桅杆前后用互成45°～60°角的两根缆绳固定。

5. 摇臂桅杆

是在独立桅杆的基础上增加一根可以起落或左右摆动的吊杆，此杆装在独立桅杆的中部或 2/3 高度处，不仅能垂直吊升重物，还可在吊杆活动范围内使重物水平移动，又称摇头桅杆、甩扒杆、台灵架等。摇臂桅杆进一步发展为桅杆或起重机，主副桅杆都做成格构式，起重高度达 50m，吊杆长度达 40m，起重量为 10～40t。

摇臂桅杆的吊杆在 120°～270°范围内。如在桅杆顶端加装带轴承的顶帽，顶帽上套以四周有耳孔的钢板以固定缆绳，且吊杆长度为主桅杆的 0.6～0.8，这样，吊杆可以在缆绳下自由转动 360°，或者在桅杆转动时，吊杆也随着转动。

## 五、地锚与缆绳

1. 地锚

地锚用来固定缆绳、卷扬机、导向滑轮等，要按设计要求埋设地锚。一般地锚都是挖坑、埋设横木，回填土必须分层夯实，地锚千斤绳呈直线引出地面；埋设的横梁，如用木材，必须无虫蛀、裂缝、腐朽。地锚只允许在规定的方向受力，确保安全使用。

卧式地锚和桩式地锚为施工现场常用的两种地锚。

（1）卧式地锚

是将横梁卧在预先挖好的坑底，绳索一端从坑前端的槽中引出，埋好后用土回填夯实即成。横梁的尺寸及埋入深度应根据地锚受力的大小和土质情况决定，一般埋设深度为 1.5～3.5m。横梁可用圆木、方木、钢管束、槽钢、工字钢。绳索捆扎在横梁的一点或两点上。水平地锚承受的拉力可分解为垂直向上分力和水平分力，形成一个向上的拔力。力使土壤的压力不超过土壤的允许侧压力，因此，可用垂直挡板来扩大受压面积，降低土壤的侧向压力。

（2）桩式地锚

是以角钢、圆钢、钢管、型钢或圆木垂直或斜向（向受力的反方向倾斜）打入土中，依靠土壤对桩体嵌固和稳定作用，使其承受一定的拉力。承载能力虽小，但工作简便、省时省力，因而使用普遍。桩的长度多为 1.5～2m，入土深度为 1.2～1.5m，生根钢丝绳拴在距地面约 30mm 处，为加强桩的锚固力，在其前方紧贴桩木埋置较长挡木一根。

（3）埋设和使用地锚安全注意事项

地锚在吊装作业中极为重要，地锚变形或损坏，都会引起重大事故，所以在埋设和使用地锚时，应特别注意以下几点：

地锚的埋设应根据缆绳拉力进行必要的计算，并考虑相应的安全系数，使其具有足够的锚固力。根据计算和埋设条件选择地锚的规格和形式，重要的地锚使用前要试拉。

地锚应埋设在干燥的地方，必要时要挖排水沟，防止积水浸泡而降低土壤的摩擦力。

严禁采用腐朽木料做地锚；固定钢丝绳的方向应尽量和地锚受力方向一致。

地锚使用时，要指定专人检查、看守，如发现变形，应立即采取措施，防止因变形而引起事故。

如使用施工现场的房屋、设备基础等，应经过估算或试拉，以免发生事故。

2. 缆绳

缆绳可以用于固定简易起重设备（如桅杆），也可以用来临时保持所安装、拆卸的设备或构件的稳定性，它是保证起重作业安全所不可缺少的。

缆绳的布置受设备、构件的受力情况和现场条件等多种因素限制，必须根据现场的具体情况统筹确定。缆绳与地面的夹角，一般为25°～30°，最大不能超过45°。桅杆缆绳一般不小于5～6根，沿桅杆顶部均匀布置。缆绳大多选用钢丝绳，钢丝绳的规格根据受力情况通过计算确定。

## 第三节　常用起重机具安全技术

任何起重机械均由工作机构和金属结构两大部分组成。工作机构是实现某种预定的动作，金属结构起支承骨架的作用。工作机构有起升、旋转、变幅和运行四大机构，为了满足各种不同的使用条件，出现了不同类型的起重机。最简单的起重机仅具备起升机构，为了扩大工作面积和增加机动性，又增设其他机构如旋转、变幅、行走等。

### 一、起重机的基本组成部分

动力装置：内燃机或电动机等原动机。

制动装置：电磁制动器、液力推杆制动器、电磁液力制动器、机械带式制动器等。

传动装置：齿轮（正、斜、人字齿）传动、蜗轮传动、链传动、螺旋传动及液压传动等。

工作装置：起升机构的工作装置为吊钩夹套、起重绳、滑轮组、起升卷筒。旋转机械是旋转支承装置。变速机构是臂架系统（绳索牵引变幅包括变幅绳滑轮组和变幅卷筒）。运行机构是行走轮、车架、履带板和滚筒轮等。

操作系统：机械、电气、液力和气力操作系统等。

除上述主要部分外，还有各种安全装置，如超载限制器、幅度限制器、行程限位器、力矩超载限制器、防护装置以及各种安全开关和灯光、声响报警器等。

## 二、起重机的使用安全技术

起重作业由于指挥、司机操作或捆绑错误，有时可能危及起吊物及人身安全，所以必须加强安全管理，严格按章操作。

履带式起重机的起重臂变幅是采用蜗轮蜗杆减速，造成坠杆事故的原因，主要是操作失误。一是在升降起重臂操纵杆时（排挡），将蜗杆上的小齿轮拨动，摇动了蜗杆轴齿轮，未挂上挡导致坠杆。二是起重臂未停稳，就将起重臂挡摘脱（由起落起重臂挡位变换到其他挡位）。因此必须注意：起重机吊重物时，尽量避免起重臂升降，如必须升降，一定要检查起重臂传动机构和制动器。

履带式起重机尽可能避免吊起重物行驶，必须行驶时，应将起重臂转到履带平行方向，缓慢行驶，被吊重物离地不超过50cm，起重量应控制在允许起重量的2/3。

起吊重物时，吊索应保持垂直，起落要平稳，尽量避免紧急刹车或冲击。不要超载作业，如吊装作业中有1～2件重物是超重15%左右，这种特殊情况下，超载吊装必须采取一定的技术措施，如在起重机尾部加配重、或起重机后边拉缆绳等。在起重满载或接近满载时，禁止同时做两种动作。

起重机不得在架空输电线路下工作。在架空输电线路一侧工作时，起重臂、钢丝绳或重物与架空输电线路的最近距离应符合有关标准要求。万一遇到电线折断，或起重臂触碰高压线，司机应首先使起重臂脱离电源，无法脱离时，司机不得下地，现场人员应把危险区围好，通过有关部门切断电源后再下地，如现场无人，驾驶员应沉着关好一切操作杆，再双脚并拢跳下（此时身体不能再接触机身），并继续并脚或单腿跳出（不能跨步）危险区。

起重机满载工作时，转台向左右回转范围不宜超90°，一般不应横吊，以免倾覆，使用汽车吊时，要注意把支腿垫实。

起重机在坑沟、边坡工作时，应与坑沟、边坡保持必要的安全距离（一般为坑沟、边坡深度的 1.1～1.2 倍），以防塌方，造成倾覆。

自行式起重机应停在水平位置上工作，起重机停妥后，允许斜度不得大于 3°。

# 第二章　吊篮的分类

高处作业吊篮是用钢丝绳从建筑物顶部，通过悬挂机构，沿立面悬挂的、作业平台能够上、下移动的一种悬挂设备。主要用于高层建筑和多层建筑物的外墙施工、装修（如抹灰浆、贴墙砖、刷涂料)、清洗、维护，室外电梯、井架、幕墙玻璃的安装、清洗等工程作业，也适用于油库、大型罐体、高大烟囱、桥梁和大坝工程检查、维修施工，以及船舶的焊接、油漆等作业。

高处作业吊篮具有安装拆卸简单、移位容易、方便实用、操作轻巧灵活、安全可靠的特点。使用吊篮可免搭脚手架，使施工成本大大降低，是一种新型的、作业效率高、安全可靠的专业起重设备。

## 第一节　高处作业吊篮的类型

高处作业吊篮按整体结构设置分为常设、非常设两种。常设吊篮是把吊篮作为建筑物或构筑物的一种永久性附属设备；非常设吊篮是把吊篮临时架设在建筑物或构筑物上的临时设备。按悬挂机构安装方式分为有轨式、无轨式两种。有轨式吊篮是把悬挂机构安装在设有轨道的建筑物或构筑物上的设备；无轨式吊篮是把悬挂机构直接安放在建筑物或构筑物上的设备。按提升形式分为爬升式、卷扬式两种。按驱动形式分为手动、气动、电动三种。按吊篮结构层数分为单层、双层和三层。见图 2-1。

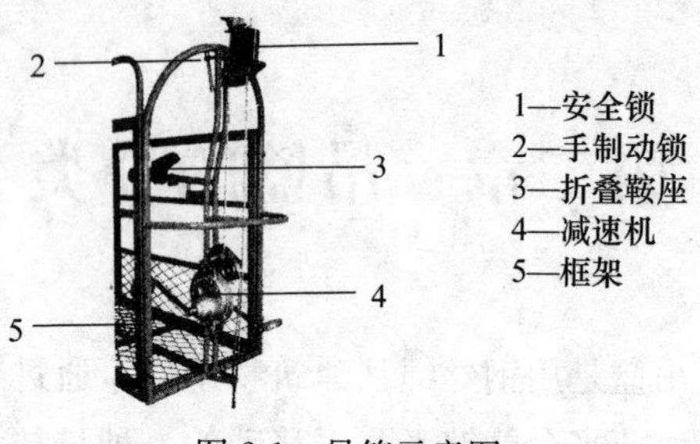


图 2-1 吊篮示意图

## 第二节 标注方法

吊篮型号标注方法：非常设、无轨式、爬升式的名称前不加字冠；常设、有轨式、卷扬式的在名称前加字冠；结构层数在型号第一个字母前冠以 2、3，单层不加。

方法如图 2-2 所示。

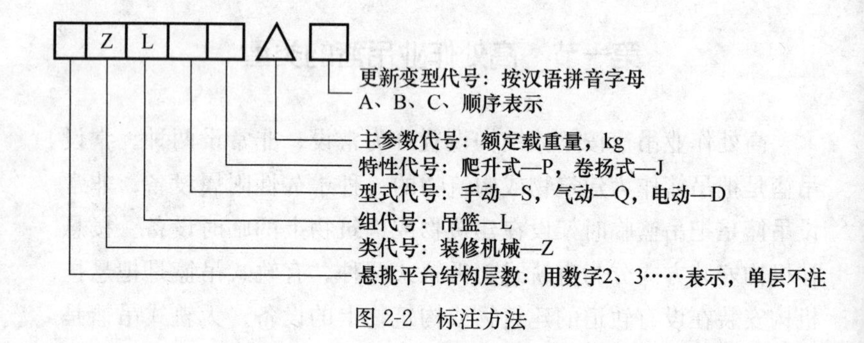


图 2-2 标注方法

标注示例：

1. 额定载重量 500kg 电动、单层、爬升、无轨高处作业吊篮：ZLDP500 GB19155

2. 额定载重量 300kg 手动、单层、爬升、无轨高处作业吊篮：ZLDSP300　GB19155

3. 额定载重量 500kg 气动、卷扬式高处作业吊篮：ZLDP500　GB19155

# 第三章　吊篮的构造

高处作业吊篮的构造组成（图 3-1）

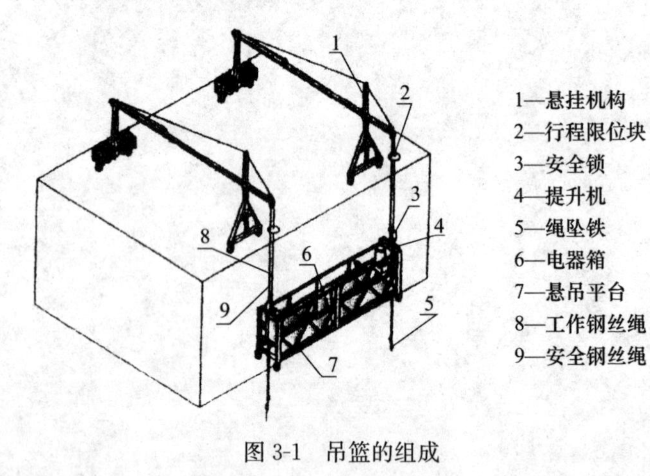


图 3-1　吊篮的组成

高处作业吊篮由提升系统、屋面支撑（悬挂机构）系统、电气系统三大部分组成。其主要构件的结构形式决定着整机的性能及其使用特点。

## 第一节　提升系统

高处作业吊篮的提升系统由提升机构、悬吊平台、钢丝绳、安全装置等组成。

## 一、提升机构

电动提升机构一般由制动电机、限速装置、一套两级减速机构及钢丝绳输送机构等组成。

手动提升机构一般由一套减速机或手扳葫芦来完成提升作业。

## 二、悬吊平台

悬吊平台主要由篮片、提升机安装架、篮底座等组成。其篮片钢架结构一般采用型钢或镀锌钢管焊接，底部由防滑人字网钢板铺就而成。悬吊平台由 2 个或 3 个基本节、两端 2 个提升机安装架拼装而成，每个基本节与两端提升机安装架组成一个封闭型平台。每个基本节可按施工要求拼装成 2m、4m、6m 等规格。如图 3-2 所示。

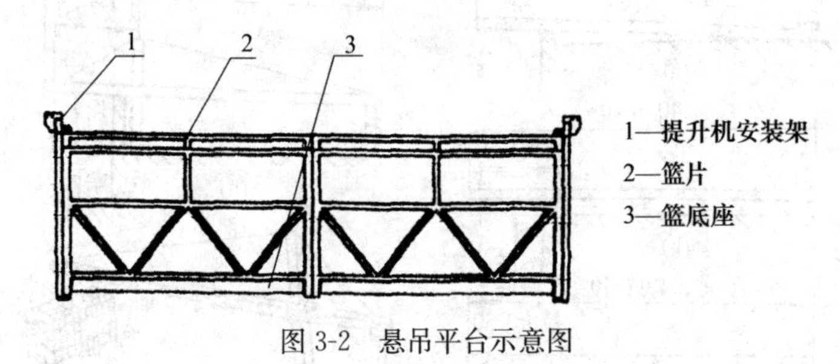


图 3-2　悬吊平台示意图

## 三、钢丝绳

根据吊篮工作条件、设计要求、钢丝绳破断拉力等，故选用高强度、镀锌、柔韧性好的钢丝绳，其安全系数应不小于 9。

吊篮采用四套钢丝绳来共同完成其提升，两套安全绳，两套工作绳，其都是承受吊篮的荷载主要部件。工作绳穿绕过提升机，用于悬挂和提升平台，是平台上下运行的载体。安全绳通过安全锁，用安全锁附着锁紧，防止悬吊平台下坠。为防止绳头松散和便于穿入提升机，安全绳和工作绳按选用长度截断后将其穿入端加工成弹头状锥体。

### 四、安全装置

安全装置主要由安全锁、制动器或手制动锁、超载限制器、防倾斜装置、行程限位装置等组成。

## 第二节　屋面支撑系统

屋面支撑结构（悬挂机构）依据不同的建筑物有以下几种形式，如图 3-3 所示：

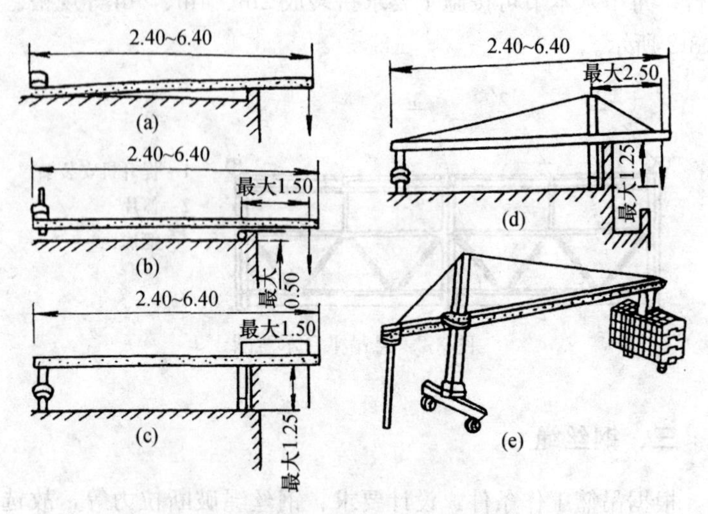


图 3-3　吊篮屋面支承系统示意图（单位：m）

（a）简单固定挑梁式；（b）移动挑梁式；

（c）适用于高女儿墙的移动挑梁式；（d）、（e）大悬臂移动桁架式吊篮的悬挂机构与建筑物屋面结构必须有牢固的链接，如图 3-4所示。

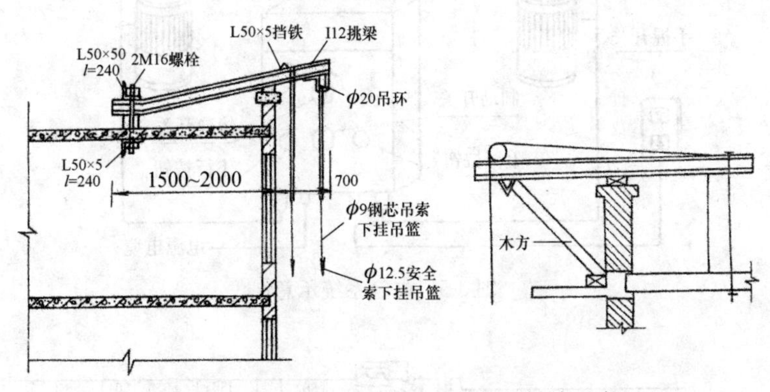


图 3-4　吊篮悬挂机构与屋面结构的链接示意

## 第三节　电气系统

高处作业电动吊篮的电气系统设计先进，安全可靠，能够快速完成提升作业，是吊篮的动力系统。

1. 特点。电气控制系统选用集中控制的方式，操作方便，安全可靠，悬吊平台升降选用拖线操作开关和配电箱上操作按钮双重控制，便于在各种操作位置进行控制。

2. 设置。电气控制系统由配电箱、电磁制动电机、上/下限位开关、动作开关等组成。供电线路实行三线五线制，电路中采用一个主交流接触器，便于紧急停止时切断主电源，控制电路采用 36V 安全电压，电机保护设计了热继电器。同时，还设置了过载保护、紧急制动、鸣铃报警、漏电保护、限位制动等装置，安全可靠。如图 3-5 所示。

3. 电气系统工作原理（如图 3-6 所示）。

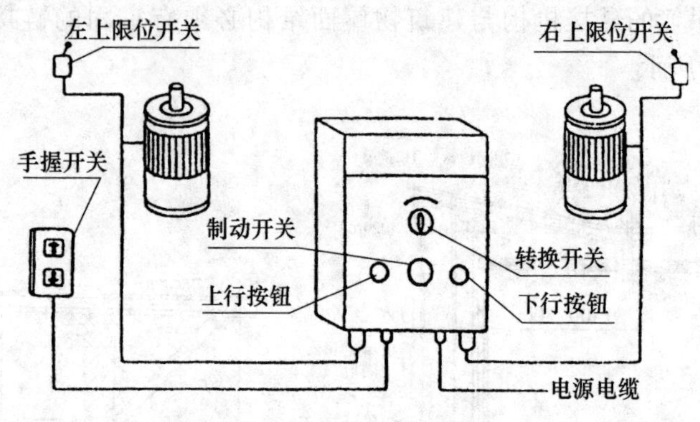


图 3-5　电气系统示意

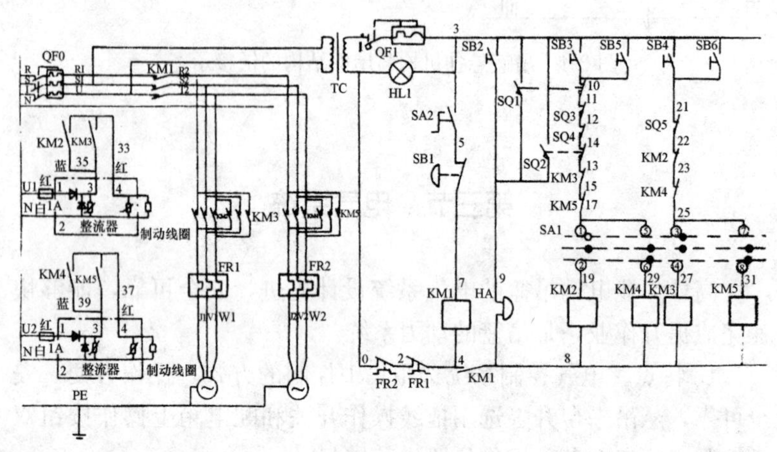


图 3-6　电气系统电路图

（1）合上主磁开关 QFO 及控制电路开关 QF1。

（2）将配电箱面板上的急停开关 SB1 按箭头方向变位，将手控开关上面的转向开关拨到 ON 的位置。

（3）选择开关 SA1 拨到左侧时，按下上升 SB3 或 SB5，交流接触器 KM2 吸合，左电机工作提升；按下下降 SB4 或 SB6，交流接触器 KM3 吸合，左电机下降。

(4) 选择开关SA1拨到右侧，重复（3）的动作，右电机工作，上升或下降。

4. 超载限制器

为了防止吊篮在施工中超载，特设置一超载装置，吊篮平台超载时行程开关自动切断电源，停止运行。

5. 行程限位装置

吊篮装有上、下限位开关，当吊篮运行至极限位置时，自动切断危险方向的控制电源，吊篮停止运行。

6. 防倾斜装置

吊篮运行或静止时，吊篮平台与水平面的夹角大于8度时防倾斜装置动作，自动锁住安全绳。

7. 吊篮的电气系统必须有可靠的接地，接地电阻不应大于4Ω，接地位置要有明显标志。

8. 设置紧急状态下能切断主电源控制回路的急停按钮，且不能自动复位。

# 第四章 吊篮的性能

高处作业吊篮的技术性能是用各种数据来表示的，即性能参数，包括以下参数。

额定提升力：钢丝绳允许提升的额定荷载。

额定载重量：悬吊平台允许承受的最大冲击力。

额定速度：悬吊平台在额定载重量下的升降速度。

安全锁锁绳速度：安全锁开始锁住钢丝绳时，钢丝绳与安全锁之间的相对瞬时速度。

锁绳角度：安全锁自动锁住安全钢丝绳使悬吊平台停止倾斜时的角度。

自由坠落锁绳距离：悬吊平台从自由坠落开始到安全锁锁住钢丝绳时相对于钢丝绳的下降距离。

允许冲击力：安全锁允许承受的最大冲击力。

静力试验荷载：150％的额定载重量所产生的重力。

动力试验荷载：125％的额定载重量所产生的重力。

试验偏荷载：重心位于悬吊平台一端总长度 1/4 处的额定载重量所产生的重力。

吊篮的主参数以吊篮的额定载重量表示，主参数系列如表 4-1、表 4-2、表 4-3 所示：

**表 4-1 吊篮的额定载重量**

| 主参数 | 主参数系列 |
| --- | --- |
| 额定载重量（kg） | 100，150，200，300，350，400，500，630，800，1000，1250 |

**表 4-2　吊篮的主要性能参数（电动）**

| 项目及单位＼型号 | | | | ZLD500-630 | ZLD800 |
|---|---|---|---|---|---|
| 额定载重 | | | kg | 500～630 | 800 |
| 提升速度 | | | m/min | 9.5±0.5 | 9.5±0.5 |
| 平台尺寸(张×宽×高) | | | mm | (300×1) ×730×1100 | (300×1) ×730×1100 |
| 悬挂机构 | 前梁额定伸出 | | mm | 1300 | 1300 |
| | 前梁离地高度 | | mm | 1300～1800（调节间距 100） | 1300～1800（调节间距 100） |
| 提升机 | 型号 | | | LTD6.3 | LTD8.0 |
| | 数量 | | 只 | 2 | 2 |
| | 电动机 | 型号 | | YEJ90L-4 | YEJ90L-4 |
| | | 功率 | kW | 1.5 | 2.2 |
| | | 电压 | V | 380 | 380 |
| | | 转速 | rpm | 1420 | 1420 |
| | | 制动力矩 | N-m | 15 | 15 |
| 安全锁 | 型号 | | | LST20 | LST20 |
| | 数量 | | 只 | 2 | 2 |
| | 允许冲击力 | | kN | 20 | 20 |
| 质量 | 悬吊平台 | | kg | 154/270 | 154/386 |
| | 提升机 | | kg | 48×2 | 48×2 |
| | 安全锁 | | kg | 5×2 | 5×2 |
| | 悬挂机构 | | kg | 340（不含配重） | 340（不含配重） |
| | 电箱 | | kg | 15 | 15 |
| | 整机 | | kg | 642/764 | 494/726 |
| | 配重 | | kg | 800（25×32 块） | 900（25×36 块） |
| 钢丝绳 | 型号 | | | 4×31sw—FCϕ9.0　破断拉力≥62000N | |
| 电缆线 | 型号 | | | 3×2.5+ZXl.5YC—5（1 根） | |

**表 4-3　吊篮参数**

<table>
<tr><td>载重</td><td>额定载重量</td><td>kg</td><td>400</td></tr>
<tr><td rowspan="3">钢丝绳</td><td>直径</td><td>mm</td><td>7.0</td></tr>
<tr><td>抗拉力</td><td>N/mm²</td><td>≥1770</td></tr>
<tr><td>破断力</td><td>kN</td><td>≥28.7</td></tr>
<tr><td rowspan="4">吊篮规格</td><td>篮体长度种类</td><td>mm</td><td>1000、2000、3000</td></tr>
<tr><td>内宽</td><td>mm</td><td>600</td></tr>
<tr><td>前高</td><td>mm</td><td>860</td></tr>
<tr><td>后高</td><td>mm</td><td>1100</td></tr>
<tr><td rowspan="2">提升机</td><td>每转升降距离</td><td>mm</td><td>60</td></tr>
<tr><td>传动比</td><td>1</td><td>1∶9</td></tr>
<tr><td rowspan="2">安全器</td><td>制动角度</td><td>度</td><td>80</td></tr>
<tr><td>最大制动距离</td><td>mm</td><td>10～20</td></tr>
<tr><td rowspan="2">篮体质量</td><td>标准篮体（4m）</td><td>kg</td><td>150</td></tr>
<tr><td>2m 篮体<br>（每组三片）</td><td>kg</td><td>50</td></tr>
</table>

# 第五章　吊篮提升机

提升机是吊篮的核心部分，是吊篮的动力装置，其结构形式及特性决定着吊篮的综合性能。

## 第一节　提升机的构造性能及工作原理

### 一、提升机的构造

电动提升机构一般情况由一套制动电机、蜗轮蜗杆减速机、大小齿轮、传动齿轮、限速装置、压盘及压簧、钢丝绳等组成。如图 5-1～图 5-3 所示。

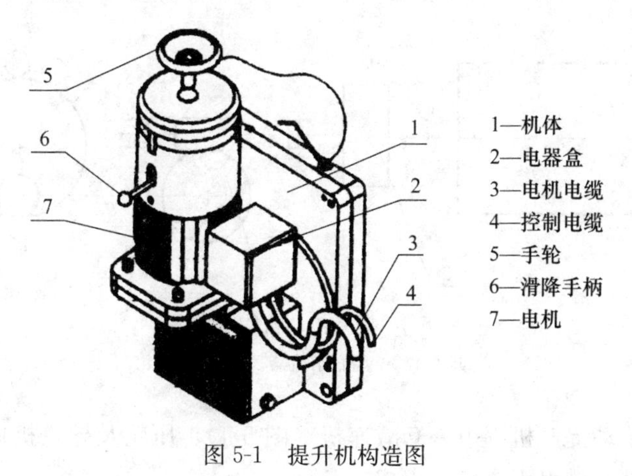


图 5-1　提升机构造图

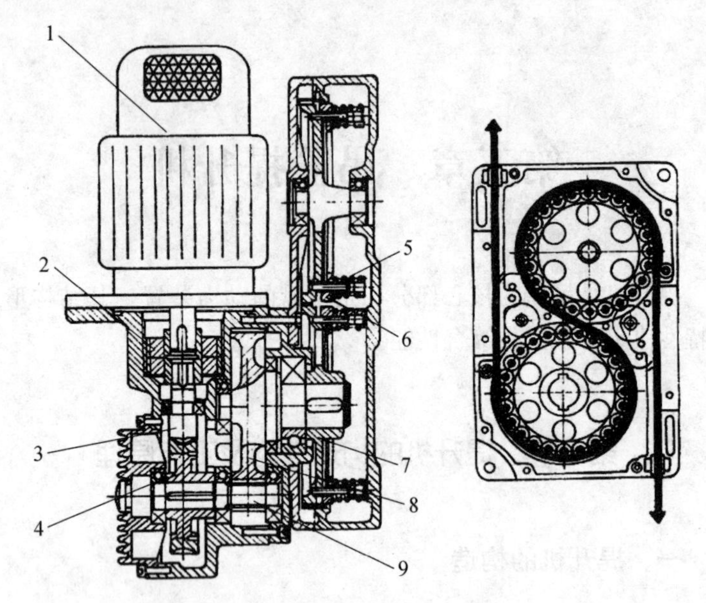


图 5-2　提升机构组成及原理图

1—制动电机；2—限速装置；3—蜗杆；4—蜗轮；5—压簧；6—压盘；7—传动齿轮；8—大齿轮；9—小齿轮

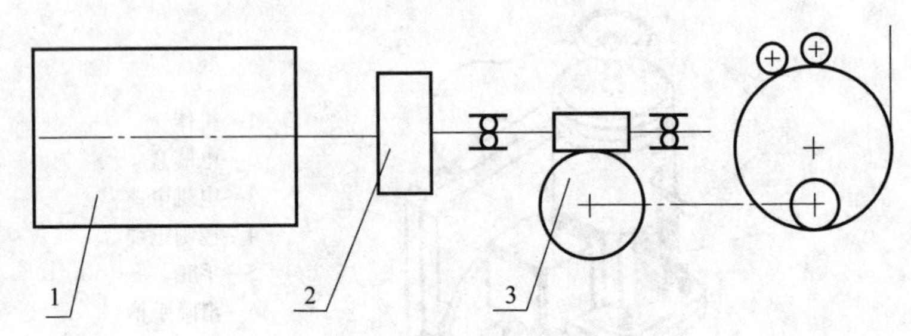


图 5-3　提升传动机构示意图

1—电机；2—离心限速器；3—蜗杆蜗轮

手动提升机则由一套减速机（图 5-4）、压轮及导轮机构、拐臂、V 形槽曳引进轮等组成。

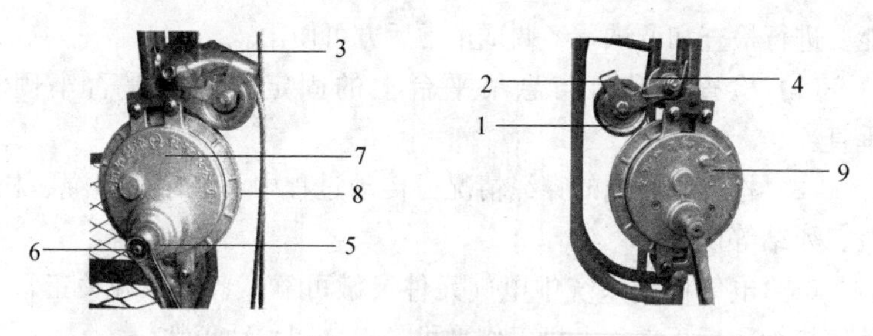


图 5-4　减速机示意图

1—压轮；2—压轮架；3—防尘罩；4—导轮；
5—拐臂；6—主轴；7—壳体；8—V 形槽曳引轮；9—注油孔

## 二、提升机的传动原理

电动提升机是将钢丝绳插入提升机入口内，启动提升机，钢丝绳在压盘和传动齿轮间卷绕，从另一出口处伸出，与提升机固连的吊篮平台沿钢丝绳上升、下降。

电动提升机构中需装配手动滑降装置，该装置必须具有制动性能，当吊篮出现断电，手摇驱动时能使平台平稳下降，在 100cm 范围内停止。同时，提升机还需设置限速器，其限速为 1.15～1.5 倍的提升速度。

手动提升机是利用人力的作用与钢丝绳相互作用产生曳引力，使吊篮平台沿钢丝绳上升、下降。取消外力后，吊篮自动停止。

手动提升机须设有闭锁装置，当提升机变换方向时，动作应准确、安全、可靠。

# 第二节　调试方法

高处作业吊篮提升机安装完毕后，对提升机的结构装配和性能要进行检查和调试，经调试正常后方可使用。

（1）检查提升机与悬吊平台上的固定架连接是否牢固、垂直。

（2）检查钢丝绳的穿绳情况，传动过程中不能出现卡绳、松股、死结等现象。

（3）电气控制系统中电气元件灵敏可靠，各限位开关正常，减速机构运行正常，电机工作平稳，启（制）动正常。

（4）吊篮先以均布额定载重量运行，要符合上述（1）、（2）标准要求，然后再以额定载重量分布于吊篮的左右两侧分别运行，符合（1）、（2）标准。

（5）以125％的额定载重量运行。调整电机与手动制动距离，一般不应超过100cm，同时要满足（1）和（2）的要求。

（6）在进行（1）～（3）试验中，同时测量吊篮的运行速度，其数值应接近标称值。

（7）吊篮均布150％额定载重量，电机制动1h后，吊篮向下滑移距离不大于10cm。

（8）额定载重量工作时，距离噪声源1m处，噪声量声值不大于85dB（A）。

（9）额定载重量工作时，测算电机的输出功率应小于电机额定功率。

（10）吊篮均布150％额定载重量，1h后，安全锁锁绳滑移距离不能大于2mm。

（11）手动锁绳应安全可靠，在正常情况下能手动锁住安全钢丝绳。

# 第六章　吊篮安全锁

安全锁是保证吊篮安全工作的重要部件，是一种当钢丝绳断裂或悬吊平台一端滑降而使平台发生倾斜时，能自动锁住安全绳使悬吊平台停止，防止悬吊平台下坠的安全装置。其结构形式及适应性决定着吊篮的使用安全。

## 第一节　安全锁的构造及组成

通常情况下安全锁一般由锁绳机构和触发机构组成。

锁绳机构由夹钳、套板、扭簧、定位轴组成。套板在弹簧力的作用下，带动夹钳向上，即夹紧钢丝绳，如图 6-1 所示。

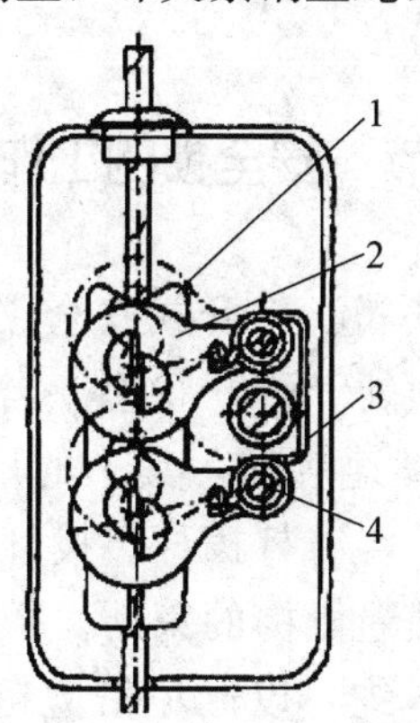


1—夹钳；2—套板；3—扭簧；4—定位轴

图 6-1　安全锁锁绳机构

触发机构分为离心触发式和摆臂防倾斜式两种形式。离心触发式由锁块、拨杆、甩块、弹簧、测速轮组成。摆臂防倾斜式由滚轮、摆臂、压杆、锁绳等组成。如图 6-2 所示。

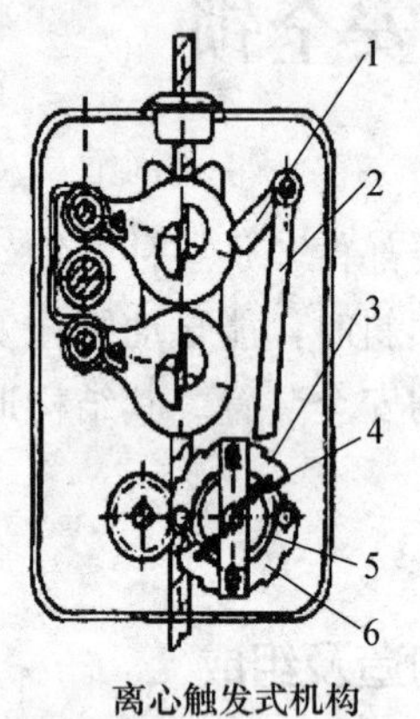


离心触发式机构

1—锁块；2—拨杆；3、6—甩块；4—弹簧；5—测速轮

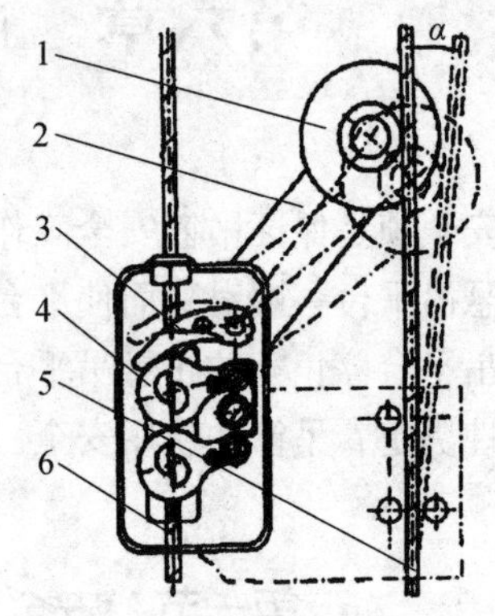


摆臂防倾斜式机构

1—滚轮；2—摆臂；3—压杆；4—锁绳机构；5—工作钢丝绳；6—安全钢丝绳

图 6-2 触发机构

## 第二节 安全锁的工作原理

离心触发式安全锁属于常开式安全锁。即在未触发前，锁绳机构被锁块撑住，锁处于张开状态。当安全锁相对于钢丝绳高速下滑时，测速轮高速旋转，其上的甩块在离心力作用下，克服弹簧拉力向外甩出，击打拨杆。拨杆带动与其同轴的锁块转动，锁块便解除对锁绳机构的束缚。锁绳机构在扭簧预紧力作用下，锁住安全钢丝绳，以避免吊篮超速下降或坠落。其特点：抗干扰性差，对周围的作业环境要求高，一旦锁内灰尘积多或有积水，就会影响其触发的灵敏度。当吊篮平台下滑速度大于 25m/min 时，安全锁应能在不超过 100mm 距离内自动锁

住悬吊平台的钢丝绳。

摆臂防倾斜式安全锁属于常闭式安全锁。即在自由的状态下，安全绳处于被锁状态。正常工作时，摆臂上的滚轮受到工作绳的压力使摆臂抬起，带动锁绳机构松开，这时安全锁处于松开状态。当工作钢丝绳断裂或悬吊平台倾斜至一定角度时，工作绳对摆臂上的压力消除，摆臂下落至锁闭位置，带动锁绳机构锁住安全绳。其特点：抗干扰性强，对环境的适应性强，可自行测量锁绳性能。工作时，吊篮平台纵向倾斜角度不应大于 8 度。

安全锁安装示意图如图 6-3 所示。

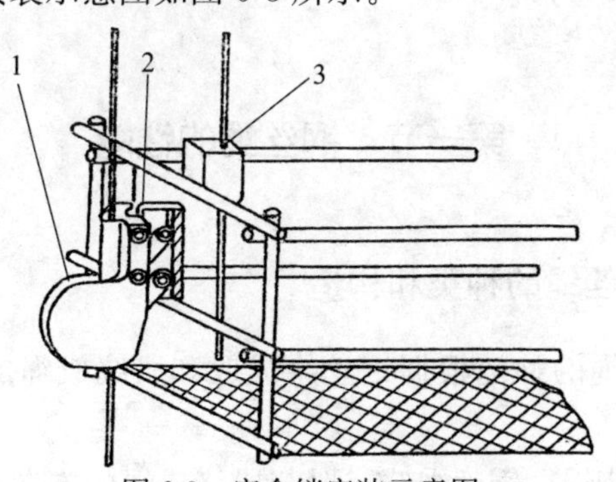


图 6-3　安全锁安装示意图

1—安全锁；2—连接装置；3—提升装置

# 第七章　钢丝绳

钢丝绳是施工机械，特别是起重设备中重要的零件之一。它具有强度高、自重轻、弹性好、工作平稳等优点，是一种只承受拉力的挠性受力构件。

## 第一节　钢丝绳的性能

### 一、钢丝绳的种类和构造

1. 钢丝绳的种类根据钢丝绕成股和股绕成绳的相互方向可分为：

（1）顺绕绳：钢丝绳绕成股与股绕成绳的方向相同。这种绳挠性好，使用寿命长，但容易松散和扭转。

（2）交绕绳：钢丝绳绕成股与股绕成绳的方向相反。其挠性与使用寿命都较顺绕绳差。但不易松散和扭转，在起重机中广泛应用。

2. 根据钢丝绳中钢丝与钢丝的接触状态不同，可分为点接触绳，线接触绳，面接触绳。股内钢丝直径相等，各层之间钢丝与钢丝互相交叉而呈点状接触的为点接触钢丝绳。采用不同直径的钢丝捻制，股内各层之间钢丝全长上平行捻制，每层钢丝螺距相同，钢丝之间呈线状接触的为线接触钢丝绳。股内钢丝形状特殊，钢丝之间呈面状接触的为面接触钢丝绳。

3. 按钢丝绳截面形状的不同，可分为圆股、异型股和多股不扭转等三种。

4. 按钢丝绳的绳芯材料的不同，可分为麻芯或棉芯、纤维芯、石棉芯、钢丝芯。

5. 按钢丝绳表面处理方式的不同，又可分为光面钢丝绳和镀锌钢丝绳。

### 二、钢丝绳的标记方法（图 7-1）

结构形式 6×19，绳直径为 15.5mm，钢丝公称抗拉强度为 1600MP 的钢丝绳，其标记为：6×19＋1－15.5－160

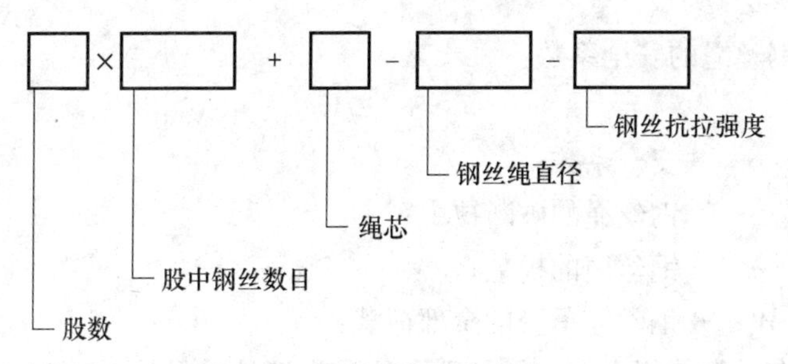


图 7-1　钢丝绳标记方法

## 第二节　钢丝绳的承载能力

钢丝绳工作时的受力情况复杂多变，内部应力状态除受拉外，在缠绕过程中还受到弯曲和挤压，钢丝间也产生相互挤压，所以钢丝绳反复弯曲和反复挤压造成的金属疲劳是钢丝绳破坏的主要原因。

### 一、钢丝绳的破断拉力

钢丝绳的破断拉力与其材质和直径有关，其数值按下式计算：

钢丝绳破断拉力＝钢丝破断拉力总和×换算系数

安全系数＝实际破断拉力/允许拉力

钢丝绳的最大允许拉力＝钢丝破断拉力总和/给定安全系数

钢丝绳承受负荷后，不仅受到弯曲力、拉伸力和摩擦力，还受到巨大的冲击力。因此，在计算和选择钢丝绳时，必须考虑弥补因钢丝绳材料的不均匀受力及计算的不准确，必须给足钢丝绳足够的富裕强度。

## 二、钢丝绳的安全系数

钢丝绳的安全系数：

$$n \geqslant S \times a / W$$

式中 $n$——安全系数；

$S$——钢丝绳的破断拉力；

$a$——钢丝绳的根数；

$W$——钢丝绳承受的全部荷载。

在吊篮使用中钢丝绳是重要的受力杆件，吊篮对钢丝绳的要求更为严格。

首先，由于钢丝绳在吊篮使用中垂落的长度比较长，容易发生旋转，易形成打结现象，所以钢丝绳的结构必须为交互捻的。其次，必须选用无油、镀锌钢丝绳。另外，要根据不同的夹绳方式来选用相应结构的钢丝绳。第三，钢丝绳的安全系数不应小于9。

吊篮中常用的钢丝绳结构有：6×19S＋IWR，6×19W＋IWS，6×19W＋IWR（适用轴向夹绳方式），4×25Fi＋PP，4×31SW＋PP（适用径向夹绳方式），其中S：股的结构为外粗型，W：股的结构为粗细型，IWR：绳芯为多股结构，IWS：绳芯为单股结构，Fi：型股的结构为填充，PP：绳芯为合成纤维结构。见图7-2。

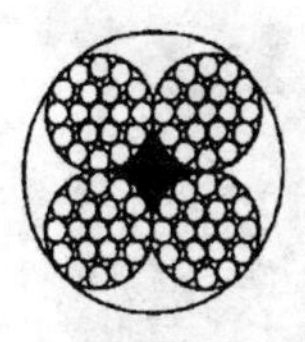
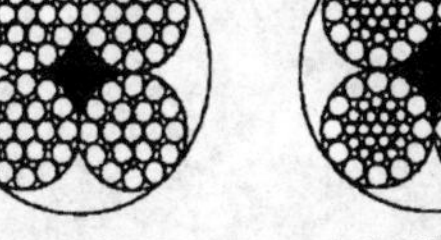
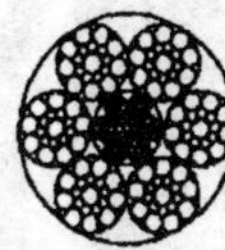
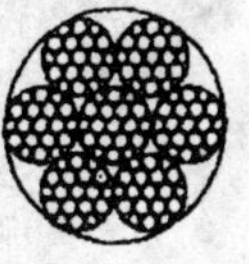
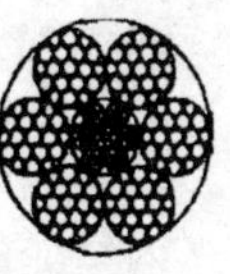

4×25Fi+PP　4×31SW+PP　6×19S+IWP　6×19W+IWP　6×19W+IWP

图 7-2　绳股结构示意

## 第三节　钢丝绳的报废标准

钢丝绳是一种消耗性物品，其强度会随着使用时间逐渐降低，钢丝绳的寿命取决于工作环境、使用频率及使用保养方法是否正确。出现下列情况之一者，必须立即更换：

1. 在 $6d$（$d$ 为钢丝绳直径）长度范围内出现 5 根以上断丝。

2. 在 $30d$ 长度范围内出现 10 根以上断丝。

3. 断丝聚集在较小长度范围内，或集中在某股里，即使断丝数量比规定的少。

4. 钢丝绳直径小于公称直径的 90%。

5. 严重磨损或腐蚀。

6. 出现扭转、死弯、松散等任何畸变。

7. 由于焊枪或电线接触过热而造成损失。

## 第四节　钢丝绳的使用标准

工作钢丝绳与安全钢丝绳均不得有断丝、松股、硬弯、锈蚀或油污附着物，安全钢丝绳的规格、型号与工作钢丝绳相同，且应独立悬挂，电焊作业时采取相应措施保护钢丝绳。如图 7-3 所示。

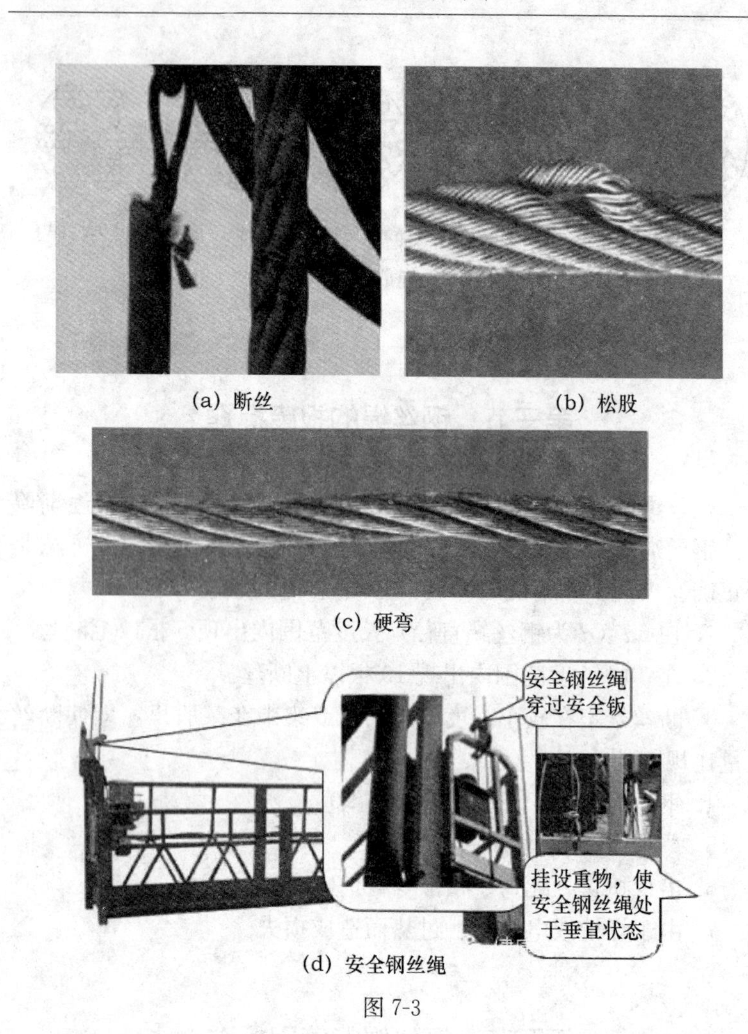


(a) 断丝 (b) 松股

(c) 硬弯

(d) 安全钢丝绳

图 7-3

设置要求：

（一）吊篮整机主要由五部分组成，①悬挂机构；②悬吊平台；③提升装置；④安全装置；⑤电气系统。

1. 悬挂机构：架设于建筑物屋面上，由两套独立的钢结构架及钢丝绳组成。钢结构架由钢结构件通过螺栓或销子连接而成。

每套悬挂钢结构架的前梁分别悬垂两根钢丝绳，一根为提升机用工作钢丝绳，一根为安全锁用钢丝绳。钢丝绳系吊篮专用镀锌钢丝绳，其强度高、耐锈蚀性能好。型号为 4×25Fi+PP－$\phi$8.3，破断拉力不小于 51.8kN。钢丝绳使用过程中，应按起重机械用钢丝绳检验和报废适用规范《起重机钢丝绳保养、维护、检验和报废》GB 5972 的有关规定，对钢丝绳的磨损、锈蚀、短丝、异常变形等进行检验，达到报废标准即更新钢丝绳。

2. 悬吊平台：由片式组焊件通过螺栓连接成框型钢结构装置，用以承载作业人员及施工器材。

3. 提升装置：每个悬吊平台两端各装有一台提升机。提升机采用电磁制动电机和离心限速装置及手动滑降装置。电磁制动装置在电路故障或断电时，产生制动力矩使平台制动悬吊。离心限速装置能保证平台下滑速度不大于 1.5 倍额定提升速度。手动滑降装置在电气故障或停电以及紧急情况下操纵吊篮平台下降，具体方法是：用置于提升机手柄内的拨杆插入电磁制动器（电机风罩内）拨叉的孔内，向上抬起拨杆，打开制动器，可使工作平台匀速下滑。

4. 安全装置：包括安全锁及安全钢丝绳。安全锁属于防倾斜型，每个平台两端各装有一把以及安全钢丝绳，当工作钢丝绳断裂或平台一端倾坠时，能自动锁住安全钢丝绳防止平台下降。

5. 电气系统包括电缆、限位器、漏电保护器及其他控制开关。

（二）在任何情况下承重钢丝绳的实际直径不应小于 6mm。

（三）钢丝绳不得有断丝、松股、硬弯、锈蚀等缺陷或油污附着物。

（四）钢丝绳实际直径比其公称直径减少 7%或更多时，即使无可见断丝，钢丝绳也予以报废。

（五）钢丝绳因腐蚀侵袭及钢材损失而引起的钢丝松弛，应对该钢丝绳予以报废。

（六）在吊篮平台悬挂处增设一根与提升机构上使用的相同型号的安全钢丝绳，安全绳应独立悬挂。

（七）正常运行时，安全钢丝绳应处于悬垂状态。

（八）电焊作业时要对吊篮设备、钢丝绳、电缆采取保护措施。不得将电焊机放置在吊篮内，电焊缆线不得与吊篮任何部位接触；电焊钳不得搭挂在吊篮上。严禁用吊篮做电焊接线回路。

# 第八章　电气控制元器件

## 第一节　电气控制元器件的分类

电器是连接和断开电路或调节、控制和保护电路及电气设备用的电工器具。完成由控制电器组成的自动控制系统，称为继电器——接触器控制系统，简称电器控制系统。

电器的用途广，功能全，种类多，结构各异。

### 一、按工作电压等级分类

1. 高压电器

用于交流电压1200V、直流电压1500V及以上电路中的电器，例如高压断路器、高压隔离开关、高压熔断器等。

2. 低压电器

用于交流50Hz（或60Hz），额定电压为1200V以下；直流额定电压1500V及以下的电路中的电器，例如接触器、继电器等。

### 二、按动作原理分类

1. 手动电器

用手或依靠机械力进行操作的电器，如手动开关、控制按钮、行程开关等。

2. 自动电器

借助于电磁力或某个物理量的变化自动进行操作的电器，如接触器、各种类型的继电器、电磁阀等。

## 三、按用途分类

1. 控制电器

用于各种控制电路和控制系统的电器，如接触器、继电器、电动机启动器等。

2. 主令电器

用于自动控制系统中发送动作指令的电器，如按钮、行程开关、万能转换开关等。

3. 保护电器

用于保护电路及用电设备的电器，如熔断器、继电器、避雷器等。

4. 执行电器

指用于完成某种动作或传动功能的电器，如电磁铁、电磁离合器等。

5. 配电电器

用于电能的输送和分配的电器，如高压断路器、隔离开关、刀开关、自动空气开关、漏电开关等。

## 四、按工作原理分类

1. 电磁式电器

依据电磁感应原理来工作，如接触器、各种类型的电磁式继电器等。

2. 非电量控制电器

依靠外力或某种非电物理量的变化而动作的电器，如刀开关、行程开关、按钮、速度继电器、温度继电器等。

## 第二节　吊篮常用的电气元件的功能

为了保护电动吊篮的正常运行，配备了相应的配套电气设备，以便实现对电动机控制，保护以及自动限位等。

电动吊篮常用的电气设备有：

### 一、开关设备

开关属于控制设备，常用的有自动空气开关、漏电开关和转换开关。

1. 自动空气开关和漏电开关不仅人工可以操作，使电源接通或断开，也可以在电路发生故障时（短路、漏电、过载、电压过低）自动分开，切断电源。

2. 转换开关

在控制电路系统中，经常需要转换电路，完成转换电路的开关称为转换开关。

### 二、熔断器

熔断器是一种结构简单的过载或短路保护电器（俗称保险丝），熔断器必须串接在电路中，使全部电流都流过熔体，当电路中出现过载或短路时，熔断器烧断，从而切断电源，保护了负荷和电路免遭大电流的损坏。

### 三、接触器

它是一种利用电磁吸力接通或断开电路的电器，可频繁地接通和断开负荷电流和大容量的控制电路。

## 四、继电器

继电器是根据一定的信号如电压、电流或时间来通断小电流的电器。在吊篮电路中，大多采用热继电器，利用它来接通或断开接触器的吸引线圈，从而达到控制和保护电动机的目的。

## 五、制动电磁铁

吊篮提升机上都装有制动器，它是利用电磁铁的吸合，通过摩擦片的运动来控制吊篮的升降、停止。

## 六、整流桥

整流桥是一种将交流电转换成直流电的电器。在吊篮电路中利用它将 220V 交流电经过整流变为 90V 直流电，控制制动吸盘的吸合。

## 七、其他

在吊篮电路中还设置了压敏电阻、限位开关、按钮、电铃等电器。

# 第九章　悬挂机构

## 第一节　悬挂机构结构

悬挂机构是架设在建筑物顶层上，通过钢丝绳来承受工作平台、额定荷载等重载的钢结构架，是吊篮的基础构件。

### 一、悬挂机构的组成

由一组相同的两个悬挂支架成对组成。每一组悬挂支架由前梁、中梁、后梁、前支架、上支柱、配重、加强钢丝绳、插杆等组成，中梁插在前、后梁中，可伸缩调节，前后梁的高度在一定范围内也可调节，调节高度为1.3～1.8m，配重的数量随型号配置。其工作原理如图9-1、图9-2所示

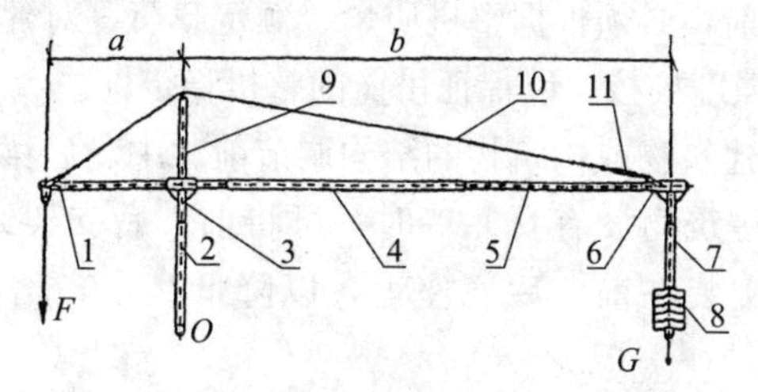


图9-1　悬挂机构工作原理图

1—前梁；2—前支架；3—插杆；4—中梁；5—后梁；6—小连接套；7—后支架；8—配重；9—上支柱；10—加强钢丝绳；11—索具螺旋扣

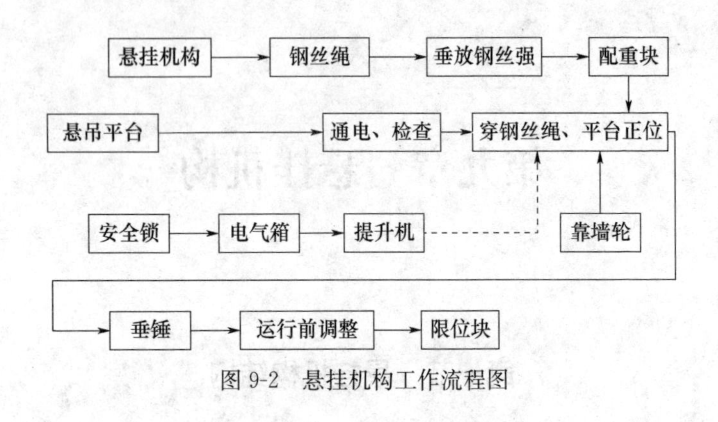


图 9-2　悬挂机构工作流程图

## 二、悬挂机构的配置应满足的技术要求

$$K=(G\times b)/(F\times a)>2$$

式中　$K$——防倾斜安全系数；

$G$——配重，后插杆、后支架的质量；

$F$——工作平台、提升机、电气系统、钢丝绳、额定载荷、风压值等总和。

## 三、悬挂机构的安装技术要求

1. 安装前，必须根据整机质量、额定载荷等对建筑物或构筑物屋面进行强度校核，以保证吊篮的整机稳定性。

2. 根据建筑物或构筑物的结构调节前、中、后梁确定要求的伸出量。如建筑物没有女儿墙时，可将前、后支架卸下，将前、中、后梁直接装在前、后底座上，以降低高度，增加挑梁的稳定性。

3. 安装时，稳定力矩必须大于倾覆力矩的 2 倍。加强绳必须锁紧，不得有松弛现象，有一定的预紧力，其前端向上翘起 30mm 左右。

## 第二节　悬挂机构的安装

### 一、悬挂机构的安装方法

1. 前、后支座与前、后底座分别用螺栓连接，将前、中、后梁分别装入支座的套管中，根据建筑物或构筑物的实际情况选定前、中、后梁的长度，用螺栓固定。拉紧钢丝绳，使加强绳有一定预紧力，在吊梁上挂好工作绳和安全绳，最后装好限位及配重。

2. 由安装工将提升机安装至提升架上，安全锁装至安全锁支板上，配电箱安装至固定支架上，超载限制器安装于相应位置，最后将行程开关安装至安全锁上。

3. 整机安装完毕后，将工作绳插入提升机中，启动开关，钢丝绳自动从另一端伸出。安全锁处于放松状态，将安全绳直接穿入即可。

### 二、悬挂机构的主要特点

1. 采用装配式结构，便于拆装组合。悬挂机构设计成组合结构。其主梁由前梁、中梁、后梁组成，互相插接形成主梁。

2. 具有伸缩性和可调节性，适应不同的建筑结构。悬挂机构的前梁、后梁均可以收缩，使结构具有不同的悬伸长度。

3. 配备脚轮，具有可移动性。悬挂机构的前后支架设置了脚轮，方便了整体机构的横向移位，同时也解决了建筑屋面作业狭窄等问题。

4. 利用杠杆原理，采用平衡重增强悬挂机构结构的稳定性。悬挂机构后支架下部的后底架上焊有四个立管，配重铁的中心孔就穿过立管摆放整齐。在整个横梁上安装一根加强钢丝绳，加强钢丝绳组件通过螺旋机栓和连接套经过上支架连接前梁和后梁两端、并通过螺旋机栓把钢丝绳拉紧，以改善受力状况，增强主梁的承载能力。

## 三、悬挂机构安装要求

建筑物或构筑物支承处应能承受吊篮的全部质量，悬挂机构前支架不应支撑在建筑物女儿墙上或挑檐边缘。前梁外伸长度符合产品说明书规定。前支架与支撑面垂直，上支架应固定在前支架调节杆与悬挑梁连接的节点处。悬挂机构设置要求：

1. 悬挂机构施加于建筑物顶面或构筑物上的作用力均应符合建筑结构的承重要求。

2. 前梁外伸长度应符合产品说明书要求。

## 四、使用专用且质量符合设计规定的配重块

设置要求：

1. 吊篮的悬挂机构或屋面小车上必须配置适当的配重，不能用砂袋、砖块等其他物体代替。

2. 配重块质量应符合产品说明书要求，固定并设防止人为擅自挪动的措施。

# 第十章　吊篮安装拆卸

高处作业吊篮是一种载人的高空机械，在安装和拆卸过程中必须严格遵守安拆操作规程。

## 一、作业环境安全规则

1. 建筑物或构筑物顶面支承悬挂机构的承载强度不得低于 $1500kg/m^2$。如悬挂机构顶面预埋件承受时，预埋件安全系数不得小于3。

2. 距高压线10m范围内严禁安装吊篮。

3. 施工范围下方如有道路或通道时，必须在吊篮下方设置警戒线或安全廊，并设置明显警戒标志和配备安全员。

4. 在雷暴雨、大雾、大雪及风速大于10.8m/s（阵风6级）的恶劣气候环境下，严禁进行吊篮安拆作业。

5. 现场提供的电源必须为380V三相五线制接地电源。

6. 吊篮的作业环境，温度－20～＋40℃；相对湿度不大于90％；电源电压偏离额定值±5％。

## 二、安拆作业人员安全操作规则

1. 从事吊篮安装、拆卸的作业人员必须经专门培训取得相关部门颁发的特种作业操作证书，方可上岗作业。

2. 作业人员作业时佩戴安全帽和安全带。

3. 作业人员酒后、过度疲劳或情绪异常时禁止作业。

4. 必须严格按照吊篮的施工方案要求进行安装。

5. 吊篮平台与提升机的连接必须牢固、可靠。吊篮平台安全护栏安装后，不应有歪斜、扭曲、变形及其他缺陷。

6. 吊篮的安全装置必须经检验合格后方能安装。

7. 悬挂机构不得安装在外架或钢管扣件搭设的架子上，必须安装在符合承载要求的混凝土结构、钢结构平台上。

8. 悬挂机构施加与建筑物或构筑物支撑处的作用力必须符合结构的承载要求，梁伸出长度和前后支架之间的距离应符合说明书的规定。

9. 所有配重块要平均套在两只支架的穿杆上固定，吊篮配重数量必须准确、无误，配重应有质量标记。在吊篮使用前经核实后方能使用。

10. 工作绳和安全绳不得拉伤、变形或扭曲，钢丝绳端部的绳夹数量、间距、固定方法应符合有关标准要求。

## 三、吊篮安装作业安全操作规则

吊篮平台组装长度必须符合产品说明书和规范要求，吊篮各配件必须是同一厂家生产的产品。

（一）安装流程

转运材料→组装悬挂机构钢结构件→压放配重块→安装并垂放镀锌钢丝绳→组装平台→安装提升机安全锁→安装电器系统→自检并确认部件安装正确完整→试运行→提升机运行正常→验收合格，交付使用。

（二）吊篮悬挂系统的安装

1. 将悬挂机构零部件转运到屋面上。拼装悬挂系统的三节臂杆（前臂、中臂和后臂），连接部位装好销轴及开口销，拧紧连接螺栓。

2. 整前臂伸出女儿墙的长度 $a$，在保证吊篮运行与建筑物所需空隙的前提下，满足悬吊平台靠近建筑物的一侧与墙的间隙为

15～45cm。墙上凸出挑板的情况最大不宜超过 75cm。

3. 拼装后的悬挂臂杆前支点和后支点之间的距离 $b$ 为臂杆悬挑长度 $a$ 的两倍以上。压放平衡配重的要求，每个支架平衡重质量 500kg，每台 1000kg。

在屋顶构架部位吊篮悬挂系统的锚固方法。用直径 8.3 钢丝绳穿入臂杆螺栓孔，将臂杆与构造梁缠绕数圈并固定在一起，调节钢丝绳使其预受力绷紧，用三个 10mm 绳夹固定，绳夹间距 10～12cm，钢丝绳自由端长 12cm 以上。

（三）安装提升钢丝绳和安全钢丝绳

分别将提升钢丝绳和安全钢丝绳绕过绳轮后安装三个钢丝绳夹，绳夹间距 12～14cm，绳夹滑鞍压在工作段上，非工作段长度 10～12cm。

检查确认钢丝绳绳夹紧固可靠，再将固定钢丝绳绳轮与悬挂前臂耳板穿上连接销轴，开口销尾部叉开。钢丝绳绳夹螺栓拧紧的扭力矩应达到 60～65N·m。

分别将提升钢丝绳和安全钢丝绳沿外墙缓慢放下。

（四）组装悬吊平台。根据项目部指定的具体位置确定所需吊篮平台的长度进行组装。平台组件不应有歪斜、扭曲及严重锈蚀等缺陷，连接件必须齐全、紧固可靠。

（五）将安全锁及提升机安装就位，装好定位销，拧紧全部连接螺栓。

（六）设置独立救生绳。救生绳固定在建筑结构上，从吊篮内侧沿外墙放下。

（七）吊篮设置要求

1. 吊篮平台内最小通道宽度不小于 400mm，底板有效面积不小于每人 $0.25m^2$。

2. 吊篮悬挂高度在 60m 及其以下的，宜选用边长不大于 7.5m 的吊篮平台；悬挂高度在 60～100m 的，宜选用边长不大于

5.5m 的吊篮平台；悬挂高度在 100m 以上的，宜选用边长不大于 2.5m 的吊篮平台。

## 四、吊篮安装交底与验收

吊篮安装完毕后应履行验收程序，验收表经责任人签字确认，验收内容应量化。其基本要求：

1. 吊篮在施工现场安装完成后应进行整机检测。

2. 吊篮安装完后施工单位、监理单位应当组织有关人员进行验收。验收合格的，经施工单位项目技术负责人及项目总监理工程师签字后，方可使用。

3. 验收内容应有具体的量化数据。

4. 吊篮使用前应对作业人员进行书面的安全交底，并留存交底记录。

5. 每天班前班后必须对吊篮进行检查。

## 五、安全装置

（一）吊篮必须安装灵敏可靠的防坠安全锁，防坠安全锁的使用应在规定的标定期限内。其基本设置要求：

1. 高处作业用吊篮必须安装有效的防坠安全锁。

2. 安全锁的标定有效日期一般不大于 12 个月。

3. 吊篮的防坠落装置应经法定检测机构标定后方可使用。使用过程中，使用单位应定期对其有限性和可靠性进行检测。

4. 当悬吊平台运行速度达到安全锁锁绳速度时，即能自动锁住安全绳，并在不超过 200mm 的距离内停住。

（二）吊篮上应设置专用安全绳及安全锁扣，安全绳应固定在建筑物的可靠位置。

1. 安全绳上设置供人员挂设安全带的安全锁扣，安全绳应单独固定在建筑物可靠位置上。

2. 安全绳应使用锦纶安全绳，并且整绳挂设，不得接长使用。绳索为多股绳时股数不得少于3股，绳头不得留有散丝，在接近焊接、切割、热源等场所时，应对安全绳进行保护，所有零部件应顺滑，无制造缺陷、无尖角或锋利边缘。

3. 安全绳径大小必须在安全锁扣标定使用绳径范围内，且安全锁扣要灵敏可靠。一个安全锁扣只能供一个人挂设。

（三）吊篮上应设上限位装置，且限位装置灵敏可靠。设置要求：吊篮应安装上限位装置，宜安装下限位装置。

## 六、吊篮拆除作业安全操作规则

（一）吊篮拆卸过程与安装过程正好相反，先装的后拆，后装的先拆。

（二）吊篮拆卸的主要流程是：降落悬吊平台着地→钢丝绳完全松弛卸载→拆卸钢丝绳→拆除电气系统→解体平台→取平衡重→解体悬挂支架→材料清理。

（三）拆卸过程注意事项

1. 必须按工作流程进行拆卸，特别注意平台未落地且钢丝绳未完全卸载之前，严禁进行平衡重的拆除。

2. 拆卸过程工具及配件等任何物件，均不得抛掷，尤其注意钢丝绳、电缆拆除时不得抛扔，必须用结实麻绳拽住，从高处缓慢放松，或收上屋面再转运下地。

3. 拆卸作业对应的下方应设置警示标志，专人负责监护。

4. 吊篮上部所有材料拆卸后均应放置平稳，不得靠墙立放或斜放或于临边放置。

5. 拆卸过程中，放钢丝绳、转运材料，必须特别注意保护建筑物成品（如墙面、楼地面、雨水管等），采取可靠措施防止碰撞，防止擦剐损坏。

# 第十一章 吊篮安装检查

吊篮安装完成，进行使用前的检查和调整，自检内容和方法如下：

1. 将吊篮平台提升至离地面 0.5m 左右，检查平台是否处于水平位置，如明显倾斜，操作转换开关转至高（低）端，按下降或上升按钮至平台保持水平为止。

2. 将吊篮继续提升至离地面 6～8m 处停止，然后按下降按钮至离地面 0.5m 左右停止片刻，观察，保持步骤（1）状态，再下降至地面。

3. 操作上升和下降按钮，检查提升机是否存在不正常的声响和电机过热、冒烟、有焦味现象。

4. 检查提升机两端是否出现倾斜。

5. 检查在上升和下降停止时是否立即停止制动，是否出现滑降现象。

6. 将平台提升离地面 3m 左右停止，检查手动滑降是否平稳，有无受阻现象；手动滑降停止后，是否有继续滑降现象。手动滑降是否有失速现象。

7. 检查电机电磁制动器间隙，正常间隙：衔铁与摩擦片脱开间隙为 0.5～0.6mm，两端提升机间隙保持一致。

8. 将转换开关置于中间位置，将平台提升至离地面 2.5m 左右，然后将转换开关置于右边，按下降按钮，检查平台左右安全锁是否在平台倾斜 8℃时锁住钢丝绳。

9. 将转换开关置于中间位置，启动左右提升机，分别按下各行程开关，警铃报警，同时电机停止运转。

高处作业吊篮技术检查表见表 11-1。

**表 11-1　高处作业吊篮技术检查表**

机械编号：______规格型号：______操作人员：______
工程名称：____________________检查日期：______

| 检查项目 | 序号 | 检查内容及要求 | 检查情况 | 结果 |
|---|---|---|---|---|
| 悬挂机构 | 1 | 定位正确，建筑结构应能承受悬挂机构负载后施于支承处的作用力 | | |
| | 2 | 挑梁零部件应齐全、连接牢靠；结构不应有开焊、变形、裂纹、破损、严重疲劳 | | |
| | 3 | 前梁的外伸长度，两根挑梁之间的距离应符合说明书规定；抗倾翻系数必须大于 2 | | |
| | 4 | 配重块数量，质量应符合说明书规定；码放应整齐并有防盗措施 | | |
| 悬吊平台 | 1 | 主结构不应有破损、焊缝开裂、严重锈蚀；螺栓或铆钉不应松动；平台自动连接长度应符合说明书规定 | | |
| | 2 | 安全护栏应齐全、完好并设有腹杆：安全护栏的高度在建筑物一侧面不应小于 0.8m，其余三面不应小于 1.1m；安全护栏应能承受 1000N 水平移动的集中荷载 | | |
| | 3 | 平台底板应完好，有防滑措施；应有排水孔，且不应堵塞；平台四周应装有高度不低于 150mm 的挡板，挡板与底板之间的间隙不应大于 5mm | | |

续表

| 检查项目 | | 序号 | 检查内容及要求 | 检查情况 | 结果 |
| --- | --- | --- | --- | --- | --- |
| 提升机 | 爬升式 | 1 | 提升机与悬吊平台上的固定架应连接紧固、垂直 | | |
| | | 2 | 提升机穿绳性能应良好，不应卡绳和堵绳；电磁磁动器和手动释放装置应灵敏、有效、运转平稳，不应有异响 | | |
| | | 3 | 手动提升机应设有闭锁装置，动作应准确、安全、可靠 | | |
| | 卷扬式 | 4 | 卷绕在卷筒上的钢丝绳应排列整齐 | | |
| | | 5 | 卷筒应设有挡线盘，当提升高度达到最大行程时，挡线盘应高出卷筒上的最后一层钢丝绳的高度，应为钢丝绳直径的2倍 | | |
| | | 6 | 提升机工作时不应有明显振动 | | |
| | | 7 | 工作钢丝绳应安装上限位装置：工作钢丝绳、安全钢丝绳均应安装坠铁。坠铁与地面的距离不大于30mm | | |
| 安全装置 | | 1 | 安全锁应灵敏可靠，且在检测有效期内；在锁绳状态下，安全锁应不能自动复位：<br>（1）离心式安全锁：当吊篮平台下滑速度大于25m/min时，安全锁应能不超过100mm距离内自动锁住悬吊平台的钢丝绳；<br>（2）摆臂式安全锁：在工作时，吊篮平台纵向倾斜角度不应大于8°，应符合说明书规定 | | |
| | | 2 | 所使用的钢丝绳应符合说明书规定；不得有扭结、压扁、弯折、断丝、断股、断芯、笼状畸变等变形；断丝根数的控制、绳卡数及要求应符合相关的规定 | | |
| | | 3 | 安全钢丝绳应独立于工作钢丝绳另行悬挂，钢丝绳的规格、型号应符合说明书规定：保险绳应独立设置，其直径应大于16mm，并配备安全卡 | | |

续表

<table>
<tr><th>检查项目</th><th>序号</th><th>检查内容及要求</th><th>检查情况</th><th>结果</th></tr>
<tr><td rowspan="2">安全装置</td><td>4</td><td>上、下限位装置，报警信号装置应灵敏、可靠，安装位置应符合说明书规定</td><td></td><td></td></tr>
<tr><td>5</td><td>在紧急状态下切断主电源的急停按钮应动作灵敏、可靠</td><td></td><td></td></tr>
<tr><td rowspan="5">电气系统</td><td>1</td><td>供电应采用三相五线制，接零、接地应分开，接地线应采用黄绿相间线，供电电压应在 380V ＋5％范围内</td><td></td><td></td></tr>
<tr><td>2</td><td>应设置专用的配电箱，做到一机、一闸、一漏；漏电保护器参数应匹配、安装正确，动作灵敏、有效</td><td></td><td></td></tr>
<tr><td>3</td><td>应有可靠的接地，接地电阻不应大于 4Ω；配电箱外壳的绝缘电阻不应大于 0.5MΩ</td><td></td><td></td></tr>
<tr><td>4</td><td>电气控制部分应有防水、防振、防尘措施，电控柜门应装锁；主电源控制回路应独立于各控制电路；各保护装置接触应良好，动作应灵敏、可靠</td><td></td><td></td></tr>
<tr><td>5</td><td>电缆线的规格、型号应符合说明书规定，不应有破损、漏电</td><td></td><td></td></tr>
<tr><td>整机检查结论</td><td colspan="2"></td><td>责任人签字</td><td>检查方：　　年　月　日<br>受检方：　　年　月　日</td></tr>
<tr><td>备注</td><td colspan="4"></td></tr>
</table>

# 第十二章　吊篮的维护

高处作业吊篮投入使用后，要按照使用说明书的要求对设备进行定期的保养和检修，这样不仅能够维持设备的整机性能，延长其使用寿命，而且还能够保障人身安全。

## 第一节　高处作业吊篮的维护和保养

1. 吊篮结构件的维护保养

(1) 经常检查各钢结构构件，不得有变形，开裂现象，不得带病作业。各节点的连接螺栓与锁轴不得松动，要经常检查并进行紧固。

(2) 在安装和拆卸过程中，应轻拿轻放，避免强烈碰撞和生搬硬撬，不要使各构件发生永久性变形。

2. 提升机的维护保养

(1) 作业前坚持进行空载运行，发现运转异常（有异响、异味、异常高温），立即停止使用，进行检查维修。

(2) 及时清理提升机及工作钢丝绳上的污物，避免进、出口进入杂物，损坏机内零件。

(3) 按使用说明书要求及时加注或更换润滑油。一般 6～12 个月更换润滑油一次，大修拆卸时换油。

3. 安全锁的维护保养

(1) 作业前检查安全锁的锁绳功能，作业中避免碰撞安全锁，作业后做好防护工作。

（2）安全锁每隔4个月调整一次，使用12个月更换一次。安全锁内部机体不可自行拆开解体，按规定周期送检。安全锁及导压轮上的防尘罩不要拆除，若落入泥沙杂物，必须及时清除，否则将损坏机体，造成制动失灵。

4. 钢丝绳的维护保养

（1）安装完毕后，应将提升机下端富余的钢丝绳捆扎成圆盘并使之离开地面20cm。

（2）经常检查与钢丝绳摩擦的各部件不得过度磨损，以防割绳，造成钢丝绳受伤。

（3）及时清理钢丝绳表面附着的污物，以便发现和排除出现局部缺陷的趋势。

（4）钢丝绳的保养、报废应按照（起重机械用钢丝绳检查和报废规范）的要求执行。

5. 电气系统的维护保养

（1）配电箱内要保持清洁无杂物。作业完毕及时拉闸断电。

（2）经常检查电气元件接头有无松动现象，各电气元件的工作状况，使其保持正常工作状态。

（3）将悬垂的电缆绑牢在悬吊平台上。电缆悬垂超过100cm时，要采取电缆抗拉保护措施。

6. 新投入使用的吊篮需要经过一段时期的磨合，初始使用不要满载，载重量要由少逐渐增加。

7. 定期（连续作业的，每两月一次，断续作业的，累计300小时一次。）派专人进行一级保养。

8. 每年或累计作业满300台班，由专人进行一次设备大修。

9. 对拆除后的吊篮，必须进行全面清除、检修和彻底的保养。

## 第二节　高处作业吊篮常见故障及排除方法

吊篮是属于室外作业的设备，受各种因素的影响在使用中不可避免地会出现各种故障，影响吊篮的使用寿命和使用功效。所以，针对故障出现的原因进行分析，采取相应措施，及时给予排除。

1. 吊篮在上升和下降过程中不能停止。

原因：控制按钮损坏或交流接触器主触点黏死，或者电机电磁制动失灵。

排除方法：断电后更换接触器或控制按钮；调整摩擦盘与衔铁之间的间隙。

2. 安全锁锁绳时打滑或锁绳角度偏大。

原因：安全钢丝绳上有油污，绳夹磨损，安全锁动作迟缓，两套悬挂机构间距过大。

排除方法：清洁或更换钢丝绳；更换安全锁锁簧；调整悬挂机构间距。

3. 一侧提升机不动作或电机发热冒烟。

原因：电机刹车打不开；制动线圈烧毁；热继电器或接触器损坏。

排除方法：更换整流块；重新调整制动间隙；更换制动线圈；更换热继电器或接触器。

4. 电机转，吊篮无升降，且提升机噪声大。

原因：钢丝绳和绳轮间打滑或传动系统有问题。

排除方法：检修提升机；检查供电系统；更换损坏部件。

5. 钢丝绳输送机构导绳轮损坏。

原因：紧固件松动或磨损严重。

排除方法：更换导轮，安装牢固。

吊篮除上述原因出现故障外，还有其他因素，比如操作中的疏忽大意所致，维护保养不及时所致，使用不当所致等。这就需要加强吊篮设备的管理，严格按照使用说明书的要求对设备进行维护和保养。

吊篮常见故障原因分析及排除方法如表12-1所示

**表12-1　常见故障原因分析及排除方法**

| 序号 | 故障现象 | 故障原因 | 排除方法 |
|---|---|---|---|
| 1 | 吊篮不能停止 | 电机电磁制动失灵 | 调整摩擦盘与衔铁间隙 |
| 2 | 电机转，吊篮无升降运动，且提升机噪声大 | 钢丝绳和绳轮间打滑或传动部分有问题 | 检查整个提升机，更换损坏零件 |
| 3 | 离心限速器处发烫 | 离心块与外壳有摩擦 | 调整限速块的弹簧 |
| 4 | 穿绳性能不良（绳能穿过，但不通畅） | 提升机安装或使用时未能与钢丝绳在一个垂直面内 | 重新安装调整 |
| 5 | 限速器工作不正常 | 机械部分卡滞 | 用工具进行清理 |
| 6 | 手动闭锁不灵活 | 弹簧过松或有异物 | 调整弹簧清除异物 |
| 7 | 提升机不能执行制动功能 | 接触器黏连 | 换接触器 |
| 8 | 钢丝绳输送机构导轮损坏 | 紧固件松动或过度磨损 | 更换导轮，安装牢固 |
| 9 | 电器接触不良 | 紧固件松动 | 重新调整 |
| 10 | 橡胶密封损坏 | 密封件老化 | 更换密封件 |
| 11 | 安全锁打滑 | 绳夹或钢丝绳有油脂或绳夹有问题 | 消除油脂或调换绳夹 |
| 12 | 安全锁离心机构不动 | 离心弹簧过紧或绳轮弹簧压紧力不够或有异物障碍 | 调整离心弹簧或绳轮弹簧、清除异物 |

# 第十三章　吊篮事故分析

由于高处作业吊篮安装拆除属于高危行业，施工危险较大，吊篮倾覆、钢丝绳断裂等引起高空坠落的伤亡事故时有发生，所以要控制好吊篮安装、拆卸过程中的关键环节，做到防患于未然。

根据目前事故发生的原因，对事故的类别及处置方法做如下分析：

## 一、吊篮屋面挑梁配重不符合要求

吊篮屋面挑梁配重质量不足，不能用来平衡整体吊篮的倾覆力矩，导致挑篮倾覆，吊篮下滑坠落。

处置方法：在使用吊篮前要按照日常检查要求逐项进行检查，并进行试行试验，符合要求后方可使用，并定期检查配重数量，防止发生配重丢失、挪动现象。

## 二、安全锁失灵

当吊篮出现工作绳断开时，安全锁内弹簧回弹力不足，未能锁住安全绳，致使安全锁失去锁绳功能，吊篮产生倾斜，作业人员从吊篮中坠落。

处置方法：定期检查和更换安全锁，按照产品说明书要求进行日常保养、维护，确保安全锁的使用功能。

## 三、吊篮操作人员未按要求扣牢安全带

操作人员虽然佩带安全带，但未按规定要求扣牢在安全绳

上，当发生意外事故时，吊篮倾斜，人和物从吊篮中坠落。

处置方法：加强安全教育，提高安全意识，克服麻痹思想，穿好防滑鞋，系好安全带，严格按照操作说明进行工作。

## 四、提升机维护保养不到位，传动系统出现问题

当提升机内缺油或几乎没有润滑油时，蜗轮与蜗杆因没有足够的润滑油而产生干摩擦，导致蜗轮齿完全磨损，吊篮结构受损、开焊，吊篮平台坠地。

处置方法：按照说明书的要求对吊篮进行日常保养、维护，保证提升机在正常的润滑条件下工作。

吊篮钢结构的疲劳破坏、吊篮各结构件材质不符合国家标准、吊篮在安装拆卸过程中与周围固定物发生干涉等都有可能成为事故发生的缘由。

案例分析：

案例一：2000 年 6 月 15 日，北京某工程施工中 A 公司建筑机械厂与 B 公司第五项目经理部签订吊篮租赁合同，双方商定，先在维修工程外墙试用两台，18 日下午约 4 点 10 分，吊篮安装完毕后，做试运行时，吊篮一根挑梁连同平台一起突然从 9 层坠落到 1 层裙楼顶的冷却塔上，死两人，重伤一人，冷却塔报废。后经事故分析，此吊篮悬挂机构后，支架立柱的连接销轴未安装是这次事故的直接原因。

案例二：2000 年 3 月 24 日施工期间，当 4 名作业人员搬运 4 块花岗岩石板（每块重 60kg）进入到吊篮内，准备从 16 层向下运送到 8 层与 9 层之间的作业位置，当吊篮下降到 11 层与 12 层之间时，吊篮右侧钢丝绳突然断开，吊篮随即倾斜，而 4 人进入吊篮时又没有及时将安全带扣挂牢，于是 4 人及物料全部坠落，其中 1 人坠落在 5 层的脚手架上（致重伤），另外 3 人，1 人坠落在 5 层平台上，2 人坠落到地面，事故共造成 3 人死亡，1 人重伤。

# 第十四章　吊篮安装拆卸管理

吊篮凭借其搭设拆除方便、适用性强、占用场地少和施工效率高等优点，在建筑施工中得到了广泛的应用。但吊篮作业危险性较大，吊篮倾覆、钢丝断裂引起的高处坠落事故时有发生，所以施工吊篮的安全管理需引起特别重视。

## 一、做好施工吊篮登记与备案工作

吊篮生产单位或吊篮租赁单位在吊篮首次出租或安装前，应向工程施工所在地的施工安全监督机构办理产权登记备案，并提交资料：企业法人营业执照副本；本企业安全生产许可证（或资格证明）；产品出厂检验合格证书；产品使用说明书；本企业的吊篮专业技术人员、安全管理人员、专业维修人员名单。开展吊篮安拆业务的，还应提供本企业吊篮安拆人员名单；本企业的吊篮安全质量管理制度；本企业吊篮设备一览表；其他需要备案的资料。

## 二、施工吊篮安装（拆卸）前申报审批

由吊篮安拆企业负责吊篮安装（拆卸）申报，工程所在地建筑安全监督部门负责施工吊篮安装（拆卸）申报核准工作，申请核准后吊篮方可进场。

## 三、严把进场关，做好吊篮进场的验收工作

1. 吊篮整机的使用年限为 6 年。

2. 吊篮进场验收应由吊篮使用单位会同吊篮产权单位、安拆单位、监理单位共同进行，做好验收记录，经参与验收各方签字后，由吊篮使用单位存档备查，未经进场验收或验收不合格的吊篮，严禁在施工现场安装使用。

3. 吊篮进场验收内容：

（1）吊篮生产厂家、出厂日期、购机日期（购机合同）；

（2）吊篮及重要部件（提升机、安全锁）编号，吊篮使用及维修保养情况；

（3）吊篮整机《型式检验报告》《出厂检验合格证书》《吊篮产品使用说明书》；

（4）吊篮整机使用年限、安全锁有效标定证明、吊篮钢丝绳质量合格证明，严禁使用超过有效标定期而未标定的安全锁；

（5）同意组装吊篮提升机、安全锁、电控箱授权书；

（6）吊篮结构件的焊接、裂纹、变形、磨损等以及钢丝绳的外观，应符合《高处作业吊篮》GB19155 的规定；

（7）吊篮配重质量必须符合吊篮生产厂家的设计规定，严禁使用破损的配重件，严禁使用液体或散状物体做配重填充物；

（8）吊篮及重要部件（提升机、安全锁、电控箱）维修、保养记录应齐全真实。

4. 存在下列情况之一的吊篮，不得出租、使用：

（1）属于国家明令淘汰或禁止使用的；

（2）超过安全技术标准、制造厂家及有关要求使用年限的；

（3）经检验达不到国家和行业技术标准规定的；

（4）没有齐全有效的安全技术措施的。

## 四、做好吊篮安装、移位工作

由吊篮安拆单位负责，并与吊篮使用单位签订吊篮安拆合同及安全协议书。吊篮安拆企业要具有相应工作的安拆资质。吊篮安拆单位作业前，应当编制吊篮安装、移位安全专项施工方案和事故应急预案，确保吊篮的安装、移位符合相关技术标准和吊篮产品使用说明书的要求，吊篮安拆单位应当对吊篮安装、移位作业人员进行安全技术交底，并做好交底记录、签字存档，吊篮安装人员应当持有“建筑施工特种作业人员操作资格证书”后方可上岗作业。

## 五、做好吊篮安装（移位）验收工作

吊篮安装完毕后，吊篮安拆单位应当先行自检，做好吊篮自检记录并存档备查，吊篮使用单位应会同吊篮产权单位、安拆单位、监理单位共同进行吊篮安装验收，并做好验收记录、签字。

## 六、做好吊篮操作人员岗前培训工作

1. 吊篮使用单位负责对操作人员培训教育，经考核合格后方可上岗作业。

2. 吊篮安全操作培训教育的主要内容：

(1)《高处作业吊篮》GB 19155；

(2)《建筑施工工具式脚手架安全技术规范》JGJ 202；

(3)《建筑施工高处作业安全技术规范》JGJ 80；

(4) 吊篮安全操作规程；

(5) 吊篮产品使用说明书等。

## 七、吊篮使用过程中的安全技术管理措施

1. 吊篮使用单位在每班吊篮作业前，应当组织吊篮操作人员对吊篮的安全状况进行全面检查，并做好检查记录。

2. 吊篮使用单位在吊篮下方应设置安全隔离区和明显的安全警示标志，不得在吊篮垂直运行区域内进行交叉作业。

3. 吊篮操作人员应当严格按照吊篮安全操作规程和产品使用

说明书等进行操作，严禁违章指挥和违规作业。

4. 施工作业时，严禁超过吊篮的额定载荷。吊篮下方严禁站人，严禁交叉作业。

5. 吊篮操作人员发现吊篮运转异常或出现故障时，应当立即切断电源并停止操作，在保证安全的情况下撤离现场，并及时向施工现场安全管理人员和单位负责人报告。

6. 吊篮故障应当由吊篮产权单位的专业维修人员及时进行修复或排除，在排除故障消除事故隐患后方可重新投入使用，安全锁须由安全锁生产厂家进行维修。

7. 操作人员在作业中有权拒绝违章指挥和强令冒险作业。在每班作业前，操作人员应当对吊篮进行检查，发现事故隐患或者其他不安全因素时，应立即处理，排除事故隐患或不安全因素后，方可使用吊篮。

8. 作业人员必须在地面进出吊篮，严禁在空中攀爬进出吊篮，严禁酒后登吊篮操作，严禁向下抛扔杂物，严禁将吊篮用作起重运输和进行频繁升降运动。

9. 吊篮上的操作人员应当配备独立于悬吊平台的安全绳及安全带等安全装置。安全绳应当固定于有足够强度的建筑物结构上。严禁将安全绳、安全带直接固定在吊篮结构上。

10. 有架空输电线场所，吊篮的任何部位与输电线的安全距离不应小于10m，如果条件限制，应当与有关部门协商，并采取安全防护措施后方可使用吊篮。

11. 每天作业完毕应将吊篮降落于地面，同时切断吊篮电源，清除吊篮内的建筑垃圾。

12. 吊篮操作人员应当如实填写吊篮运转、日常检查、维修、保养和交接班记录。

13. 每台吊篮上只允许2人作业。

14. 对停用15日及以上重新启用的吊篮，吊篮使用单位应当会同产权单位、安拆单位、监理单位依照有关标准规范和产品使用说明书进行检查，经检查合格后方可启用。

## 八、施工吊篮拆卸作业的安全技术管理措施

1. 施工吊篮的拆卸单位必须具备相应资质，拆卸人员应当持有“建筑施工特种作业人员操作资格证书”后方可上岗作业。

2. 拆卸前必须按专项施工方案的要求，就拆卸吊篮的顺序、解体的场地、人员安排等向全体参加拆卸作业人员进行安全技术交底，并由参加拆卸所有人员签字。

3. 划出警戒区，派专人负责指挥拆卸全过程作业，拆卸过程要做好施工成品保护工作。

4. 拆卸完毕，清点检查，运出现场。

# 附录一

# 专业技术用房电动吊篮施工方案

## 目 录



## 一、编制依据

吊篮的安装数据由技术人员到现场勘测，依据标准是《建筑施工安全检查标准》(JGJ 59—2011)，《建筑施工高空作业安全技术规程》(JGJ 80—2016)，《高处作业吊篮》（GB 19155)，《起重机械用钢丝绳检验和报废实用规范》（GB/5972)，《钢丝绳》（GB/T 8919)。

## 二、工程概述

工程名称：专业技术业务用房修缮提升项目总承包

工程地点：友谊大街东南角

建设单位：城市社会公益项目建设管理中心

设计单位：城市设计研究院有限公司

监理单位：建筑工程项目管理有限公司

施工单位：城市建工集团有限责任公司

本项目是对专业技术业务用房修缮提升项目，本建筑物地上10层，地下1层，该项目修缮建筑面积12656.64m$^2$（地上11924.64m$^2$，地下732m$^2$），修缮原有面积12000m$^2$，增加了656.64m$^2$（原出入口改造成技术业务用房330.6m$^2$，增加技术业务用房附属60m$^2$，增加保温层面积266.04m$^2$）。其中：办公用房10354m$^2$（入住245人），技术业务用房2302.64m$^2$。1层、2层、3层、10层为办公用房和技术业务用房，4～7层为办公用房，11/12、地下一层主要为设备用房和储藏室等。

主要内容：包括对建筑物进行加固并按使用功能和节能要求进行改造，更换内墙面、门窗等，改造给排水、供暖、空调、供配电系统，更换信息机房、楼宇智能化系统设备、增加电梯一部等，同时对室外工程进行修缮改造，增加停放20辆汽车的自动机械停车设施。

工程特点

1. 本工程主要工作包括主楼、裙房的室内外修缮、装修，给排水工程、空调系统工程、消防工程、电气工程、新风系统、暖通工程、主体改造等，工作内容多；

2. 项目位于裕华路、维明大街东南角，属于市中心繁华地带，来往的行人和车辆较多；

3. 区域内为已建成的办公主楼、裙楼，场地比较狭小，施工难度很大。

考虑到现场的这些实际情况，设计专业必须充分考虑二次装修安全施工方案。在施工中严把安全关、质量关，减少或杜绝工程施工时对原有建筑物构造稳定性的影响是施工中的重点。

## 三、吊篮简介

本工程选用电动吊篮的选型为无锡市龙升建筑机械有限公司ZLP—630的电动吊篮，根据现场施工的实际需要，限制使用载荷为630kg。篮筐外形尺寸：宽690mm×高1180mm，单元长度有1m、1.5m、2m、3m、4m、6m六种尺寸，然后按需要进行拼装，吊篮技术参数参见表附录1-1。

**表附录1-1　吊篮技术参数**

| 名　称 | 技术参数 |
|---|---|
| | ZLP—630 |
| 额定提升速度（m/min） | 9.3 |
| 配备篮体尺寸1～6m | 1000～6000m×690mm×1180mm |
| 型号 | YEJ-90L-4 |
| 功率（kW） | 1.5×2 |
| 电压（V） | 380 |
| 转速（rpm） | 1420 |
| 钢丝绳直径（mm） | 8.3 |

## 四、施工准备

（一）吊篮进场可根据需求情况同时进场。要求现场预备380V电源。根据现场施工准备，我们开工前组织准备好吊篮机具装置运至现场，组织现场安装、移位。

（二）人员准备

1. 操作人员必须有二人，但不准超过三人，必须系好安全带。

搬运组四人，现场技术指导一人，安全警示一人，电工一人。

2. 操作人员必须身体健康，18 岁以上人员能适应高空作业，经过培训，掌握吊篮操作的有关规定。

3. 操作人员严禁酒后操作吊篮。

4. 操作人员严禁穿拖鞋上吊篮。

5. 操作人员必须熟知《吊篮安装使用规程》。

6. 严禁操作人员违章操作。

7. 每天必须清扫吊篮篮体杂物，减轻吊篮自重，以保证安全施工。

## 五、吊篮布置

考虑到本工程吊篮安装的实际情况，在顶层适当位置布置悬臂机构，下方垫方木，横向加以固定。本工程在使用吊篮时，其难点在于吊篮的安装及移位。在施工安全上，工作人员在进行工作前，要求施工人员必须系好安全绳和戴好安全帽才可以进行钢丝绳吊篮等安装操作工作。考虑到本工程吊篮用量，还应按如下程序进行操作施工：

1. 吊篮工作平台与墙或墙上的凸出物的间隙为 100～250mm。

2. 悬挂挑梁外伸长度控制在 1.5m 以内。

3. 将工作平台落地平稳放置；

4. 将吊篮钢丝绳从提升机及安全锁内退出；

5. 吊篮如需重新拼接、拆装时，应以《吊篮拆装流程规范》为准。在安装移位作业区附近，应划出安全区，并设置护栏或警示标志。移位前，必须做好成品保护，移位人员必须系好安全带、戴好安全帽，且操作人员必须参加该专项安全技术交底，并保证操作按技术规程和交底要求运行，严禁违规操作。

## 六、吊篮、安装与拆除

吊篮运抵施工现场后，安排好人员进行悬挑支架拼接安装工作，每台吊篮各部件安装顺序如下：悬挂机构、悬吊平台、钢丝绳、垂放钢丝绳、配重块、穿钢丝绳、平台正位、安全锁电器箱、提升机、重锤、运行前调整、限位块、悬挂机构的安装。在顶层适当位置布置悬臂机构。将悬挂机构的零件和钢丝绳吊运至顶面后，在平面图标注的位置进行安装。安装顺序为：调整调节座高度、前梁、中梁、调整调节座高度后梁、调整前后座距离、上支柱、加强钢丝绳、螺旋扣组件、张紧加强钢丝绳、钢丝绳，悬挂机构定位、垂放钢丝绳、配重块。

**（一）安装及调整**

1. 安装地面选择水平面，遇有斜面时，在支撑下面用木板垫平，将前、后座用木楔揳紧固定。若安装面是防水保温层，在前、后座下加垫5cm厚木板，防止压坏防水保温层面。

2. 可调式悬挂支架的调节支座高度使前梁下侧面略高于女儿墙（或其他障碍物）高度，在可能的情况下，在悬挂机构定位后，在前梁伸出端下侧面与女儿墙间加垫木块固定。

3. 前梁伸出端悬伸长度为1.2～1.5m。

4. 前、后座间距离在场地允许的情况下，尽量调整至最大距离。

5. 两个支架间距离调整至前梁悬伸端点间距离比悬吊平台长度大3～5cm。

6. 张紧加强钢丝绳时，使前梁略微上翘3～5cm，产生预应力，提高前梁刚度。

7. 装夹钢丝绳时，绳夹的数量是3个，U形开口在钢丝绳尾端对侧，且方向一致。绳夹应从吊装点处开始依次夹紧，并在最后一个绳夹和前一个绳夹间，使钢丝绳有少许拱起。

8. 垂放钢丝绳时，将钢丝绳自由盘放在楼面，绳头仔细抽出后沿墙面缓慢向下滑放。钢丝绳放完后应将缠结的绳小心分开压住，地面多余的钢丝绳仔细盘好扎紧。

9. 悬挂支架定位后，将前、后座脚轮用插销固定。

10. 配重块每块 25kg，将配重块均衡放置于后座的四根配重块安装杆上。

**(二) 悬吊平台的安装顺序 (图附录 1-1)**

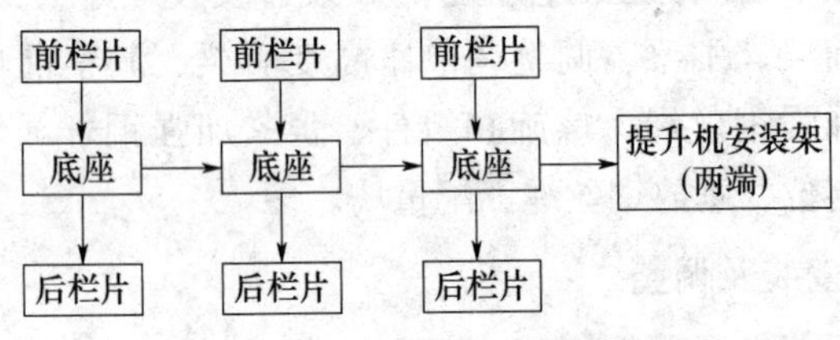


图附录 1-1　悬吊平台的安装顺序

1. 选择平整的地坪做安装面。将底板垫高 200mm 以上平放，各基本节对接处对齐，装上篮片，低的篮片放于工作面一侧，用螺栓连接，预紧后保证整个平台框架平直。

2. 将提升机安装在侧篮两端，安装时注意使安全锁支架朝向平台外侧。

3. 装成后均匀紧固全部连接螺栓。

4. 铝合金悬调平台用特殊方型垫圈。

**(三) 安全锁及提升机的安装**

安全锁和提升机分别安装于悬吊平台两端提升机安装架上的安全锁支架和提升机支承中：安全锁安装时使摆臂滚轮朝向平台内侧；提升机安装于悬吊平台内，安装时将提升机搬运至悬吊平台内，使提升机背面的矩形凹框对准提升机支承，插入销轴并用锁销锁定后，在提升机箱体上端用两只连接螺栓将提升机固定在提升机安装架的横框上。也可以在通电后，在悬吊平台外将工作钢丝绳穿入提升机内，并点动上升按钮将提升机吊入悬吊平台内进行安装。采用后一种方法安装时，需将提升机出绳口处稳妥垫空，并在钢丝绳露出出绳口时用手小心将绳引出，防止钢丝绳头部冲击地面而受损。

**（四）电器箱的安装**

电器箱安装于悬吊平台中间部位的后（高）栏片上，电箱门朝向悬吊平台内侧，用两个吊攀将电箱固定在栏片的栏杆上。电器箱安装固定后，将电源电缆、电机电缆、操纵开关电缆的接插件插头插入电箱下端的相应插座中（下限位行程开关安装在提升机安装架下部的安装板上）。各插头分别插入电器箱下面对应的插座内，所有插头在接插过程中必须对准槽口，保证插接到位，以防止虚接损坏，确认无误后连接电源。

**（五）穿绳检查**

1. 穿工作钢丝绳：位于悬挂机构前梁端头内侧位置的两根钢丝绳是工作钢丝绳，穿入提升机内。①将钢丝绳穿入端穿过安全锁摆臂上的滚轮槽后，插入提升机上端进绳口，至插不进时将钢丝绳略微提起后用力下插，使钢丝绳插紧于提升机内。②转动转换开关并按下相应的上升按钮，使钢丝绳平稳地自动穿绕于提升机的传动盘上。③将穿出的钢丝绳通过提升机支架下端的引导滑轮将钢丝绳引放到悬吊平台外侧。④两端提升机分别穿绳至钢丝绳拉紧时即刻停止，然后将转换开关转至中间位置，点动上升按钮，同时拉住悬吊平台两端，使其在自重作用下处于悬吊状态，防止悬吊平台离开地面时与墙面或其他物体撞击。待悬吊平台离地约 20～30cm 时停止上升，并检查悬吊平台是否处于水平状态，如有倾斜，可将转换开关转至低端位置，并点动上升按钮，使悬吊平台低端提升直至处于水平位置。

2. 穿安全钢丝绳：位于悬挂机构前梁端头外侧的两根钢丝绳是安全钢丝绳，穿入安全锁内。穿绳时，将钢丝绳穿入端插入安全锁上方的进绳口中，用手推进，自由通过安全锁后，从安全锁下方的出绳口将钢丝绳拉出，直至将钢丝绳拉紧。注意：必须先将工作钢丝绳和安全钢丝绳理顺后才能分别插入提升机，以免钢丝绳产生扭曲。

**（六）重锤的安装**

重锤固定在钢丝绳下端用来拉紧和稳定吊篮钢丝绳，防止悬吊平台摇摆以及在提升时将钢丝绳随同拉起而影响悬吊平台正常运行。安装时，将两个半片夹在钢丝绳下端离开地面15cm，然后用螺栓紧固于钢丝绳上，且钢丝绳垂直绷紧。

**（七）安全绳和绳卡的安装**

在吊篮安装完毕使用以前，必须在楼面上垂下一根独立的安全绳。安全绳在楼顶的攀挂点必须牢固，切不可将安全绳攀挂在悬挂机构上面，顶部挂完后安全绳放置于吊篮的中间，自锁器直接安装在安全绳上面，施工人员在施工中必须将安全带挂在安全绳的自锁器上。

**（八）通电、检查**

1. 通电前检查：①电源是380V三相接地电源，电源电缆接出处可靠固定。②顶面悬挂机构安放平稳，固定可靠，连接螺栓无松动，确认安装可靠。③钢丝绳连接处的绳扣装夹正确，螺母拧紧可靠。④悬垂钢丝绳应分开，无铰接、缠绕和折弯。⑤提升机、安全锁及悬吊平台安装正确、连接可靠，连接螺栓无松动或虚紧，连接处构件无变形或开裂现象。⑥电缆接插件正确无松动，保险锁扣可靠锁紧。⑦电缆施工立面上无明显凸出物或其他障碍物。

2. 通电后检查及要求：①闭合电箱内开关，电气系统通电。②将转换开关置于左位置，分别点动电箱门及操纵开关的上升和下降按钮，左提升机电机正反运转。③将转换开关置于右位置，分别点动电箱门及操纵开关的上升和下降按钮，右提升机电机正反运转。④将转换开关置于中间位置，分别点动电箱门及操纵开关的上升和下降按钮，左、右提升机电机同时正反运转。⑤将转换开关置于中间位置，启动左右提升机电机后，按下电箱门上急停按钮（红色），电机停止转动。旋动急停按钮使其复位后，可继续启动。⑥将转换开关置于中间位置，启动左右提升机电机后，分别按下各行程开关触头，警铃报警，同时电机停止运转。放开触头后，可继续启动。⑦每次作业前必须上下运动吊篮3～5次，每次的升高高度约为3m。最后再次检查各连接点的安装情况。

**注意：**（1）吊篮安装过程中，必须注意工作中的自检和互检，并重点检查吊挂连接处每根钢丝绳有4个卡扣，要特别注意各连接点的螺栓和弹垫及平垫是否齐全和牢固。（2）在施工完毕后必须断开电源总开关。

### （九）验收、交接

安装完毕后，组织有关人员进行验收检查，双方确认，签署验收确认单，由相关人员签字后方可投入使用

### （十）拆除

1. 拆除前对吊篮进行全面检查，记录损坏情况。

2. 吊篮的拆除步骤：①将平台停放在平整的地面上，拆下绳坠铁；②切断电源；③将电缆从临时配电箱和吊篮上拆下，并卷成圆盘；④将钢丝绳卸下拉到上方，并卷成圆盘扎紧。

## 七、吊篮施工验收标准

吊篮安装完毕，由施工公司组织进行验收，乙方及使用方有关人员参加。检查吊篮所有零部件及其安装质量、所有连接情况、配重数量等，并对吊篮进行运转试验，检查提升机构及安全装置的工作情况。验收合格后，由使用代表及相关人员在吊篮安装验收表上签字确认。

### （一）电气系统验收

1. 电气控制系统供电应采用三相五线制，接零、接地线。

2. 电气系统应该设置过热、短路、漏电保护装置，电气控制按钮应动作可靠，标志清晰、准确。

3. 带电零件与机件间的绝缘电阻不应低于 2MΩ。

**（二）悬吊平台验收**

1. 悬吊平台应有足够的强度和刚度，承受 2 倍的均布额定载重量时，不得出现焊缝裂纹、螺栓铆钉松动和结构件破坏等现象。

2. 悬挂平台四周应装有固定式的安全护栏，护栏应设有腹杆，工作面的护栏高度不应低于 0.8m，其余部位则不应低于 1.1m，护栏应能承受 1000N 的水平集中载荷。

**（三）安全锁验收**

1. 安全锁能保证钢丝绳在其内部畅通，不得有卡绳、阻绳现象，锁绳角度不大于 8 度。

2. 安全锁与悬吊平台安全可靠。

3. 安全锁必须在有效期内使用，有效期为一年。

**（四）钢丝绳验收**

吊篮宜选用高强度、镀锌、柔质的钢丝绳，性能应符合《重要用途钢丝绳》（GB/T 8918）的规定；安全系数不小于 93，钢丝绳绳端的固定应符合《起重机钢丝绳保养、维护、检验和报废》（GB/T 5972—2016）的规定；钢丝绳的检查和报废应符合《起重机钢丝绳保养、保护、检验和报废》（GB/T 5972—2016）中的规定。

安全钢丝绳宜选用与工作钢丝绳相同的型号、规格，非正常运行时，安全钢丝绳应处于悬垂状态。

**（五）荷载试验**

1. 空载运行试验。悬吊平台在不小于 5m 的行程中升降，应测试升降速度和电动机功率。试验三次，将试验结果记入吊篮运行试验记录表。

2. 额定载重量运行试验。悬吊平台内均布额定载重量，不小于 5m 的行程中升降，应测试升降速度和电动机功率。试验三次，将试验结果记入吊篮运行试验记录表。悬吊平台内将额定载重量分别处于左、右偏载位置，不小于 5m 的行程中升降，应测试升降速度和电动机功率。试验三次，将试验结果记入吊篮运行试验记录表。

## 八、安全保证措施及注意事项

公司对吊篮安装拆卸的质量安全负责，并对吊篮使用情况进行检查监督，对上篮作业人员进行安全交底。其他安全保证措施及注意事项如下：

### （一）安全锁

采用无锡博宇 SL-A30 型安全锁：安全锁行驶在安全钢丝绳上，是一种独立的机械装置，防倾斜安全锁以工作钢丝绳为依托，当电机失灵或工作钢丝绳断裂造成工作平台下坠或工作平台倾斜至限定值时，安全锁能自动锁住钢丝绳，制止工作平台下坠及倾斜，并能承受平台总负荷。购买吊篮产品，工厂应对随机安全锁进行第一次标定。超过使用 1 年的必须在生产厂家重新检测合格后才能使用。

### （二）安全绳

为了确保施工人员的安全，在原出厂安全措施上，又增设安全的尼龙大绳。该绳安装在高于吊篮 1m 以上同时不与吊篮结构相连。施工人员安全带可锁在大绳上。同时操作人员配备小型安全锁，一旦电动吊篮出现故障，小型安全锁立即锁住大绳，保证施工人员人身安全。

### （三）安全技术措施

1. 吊篮在使用过程中，严禁在三层以上上下人员及物料，以防坠人坠物。严禁交叉作业。

2. 工作吊篮应有2～3个工人操作，可以相互配合。

3. 吊篮内载荷应大致均匀，严禁超载。

4. 操作吊篮人员应掌握应急措施。

5. 上篮人员必须系好安全带，当吊篮上下运行及停在空中作业时，作业人员必须将安全带扣在自锁器上，自锁器扣在保险绳上。

6. 吊篮操作人员应严格按照《电动吊篮技术交底兼安全操作规程》进行施工。

**（四）季节性施工措施**

1. 在雨季，将吊篮的提升机、电箱用无纺布包裹住，并在电缆和电控箱的各个承插接口处用防水胶布密封住以便尽可能地防止雨水进入。使用前，必须打开各承插接口，通风晾干，以免发生电器事故。

2. 吊篮内的操作人员必须穿防滑绝缘电工鞋。

3. 雷雨天绝对禁止施工，并在雷雨到来之前彻底检查吊篮的接地情况。六级以上大风天气里，必须将吊篮下降到地面或施工面的最低点并固定好。冬期施工应注意不可以使施工用水到处飞溅，以免结冰导致施工人员摔倒而出现事故。在冬期雾天施工时，应等大雾散去并在日照比较充足的情况下，才可以使用电动吊篮，否则，容易出现钢丝绳打滑并可能发生设备事故。冬期施工人员必须穿防滑绝缘鞋，将棉衣和棉裤穿好并系好袖口裤脚。

**（五）对工程的成品保护工作**

1. 安装悬臂机构同时做好成品保护工作，对安装好的门窗及做好的防水层不得损坏，搬运配重及悬臂机构应轻拿轻放，前、后支架下垫木板，不得损坏防水层。对安装人员要做到技术安全交底。

2. 吊篮竖向侧面要距墙面 200mm 左右，操作人员面向墙，当遇到凸起物时用力推开，以避免对墙体的碰撞。

3. 电缆线及安全绳在女儿墙上转角处应当由使用方采取软材料（如塑料布、麻袋片等）包裹，防止电缆线和安全绳的磨损及女儿墙角的损坏。

**（六）施工吊篮安全要求**

1. 施工吊篮及相应配件必须取得有关主管部门的验证许可。

2. 施工吊篮使用前必须核定该处结构的承载力是否满足要求。

3. 施工吊篮工作环境要求如下：环境温度≤40℃，环境相对湿度≤90%（25℃），电源电压偏离额定值±5%，工作处阵风风速≤10.8m/s（相当于 6 级风力）。考虑到客观环境因素，现场冬期施工时风相对较大，从楼顶垂直放下两根钢丝绳并固定好下端使其绷紧，把篮筐固定在此钢丝绳上避免了晃动。

4. 严禁在高空中进行检修和在吊篮运行中使用安全锁，电磁制动器进行手动刹车。

5. 在突然停电或其他异常情况下，严禁人为使用电磁制动器自动滑降，应按操作说明书人工手动操作、慢慢降落。

6. 施工吊篮日常检查每日使用前进行，定期检查每月进行一次。

7. 施工吊篮四周设置钢丝网，底部全部用钢板密封。

8. 作业人员必须系好安全带，并将安全带牢系在吊篮受力杆上。

**（七）作业人员的安全纪律和权利**

1. 安全管理九不准：没有安全技术措施和安全交底不准作业；安全设施未做到齐全有效不准作业；危险作业面未采取有效安全措施不准作业；发现事故隐患未及时排除不准作业；不按规定使用安全劳动保护用品不准作业；非特种作业人员不准从事特

种作业；机械、电气设备安全防护装置不齐全不准作业；对机械、设备、工具的性能不熟悉不准作业；新工人不经培训或培训考试不合格不准上岗作业。

2. 职工拒绝权：在安排施工生产任务时，如不安排安全生产措施，职工有权拒绝上岗作业；现场条件有了变化，安全措施跟不上，职工有权拒绝施工；管理人员违章指挥，职工有权拒绝服从；设备安全保护装置不安全，职工有权拒绝操作；在作业地点条件发生恶化，容易造成事故的情况下不采取相应的措施，职工有权拒绝进入作业地点。

**(八) 试运转方法**

1. 上机操作人员必须系好安全带，并锁扣在工作平台栏杆上。最好是从钢梁架上另放安全绳，并将其固定在安全可靠的固定物上。

2. 打开电器箱，合上电源开关后关好电器箱门，检查电铃、限位开关、手握开关、选择开关、电动机等是否正常。

3. 将电器箱门板上选择开头拨向待穿钢丝绳的提升机一侧。先将工作钢丝绳插入提升机上端进绳口内，启动上行开关，提升机可自动穿绳。安全钢丝绳从安全钢丝绳锁上端孔插入穿出。两侧钢丝绳都穿好后调平工作台。

4. 将电器箱面板上的选择开关拨到中间位置，启动上行开关，将工作平台升高到离地面 1m 处，在工作钢丝绳、安全钢丝绳距地面 15cm 处安装垂锤。

5. 检查安全锁工作状况，具体步骤：将转换开关拨至侧位，使工作平台产生倾斜，当工作平台倾斜到 $(40\pm10)^{\circ}$ 时，安全锁即可锁住安全钢丝绳，将平台升起，安全锁自动复位，安全钢丝绳在安全锁内处于自由状态（左右安全锁都必须按上述方法检查）。

6. 检查提升机上下运行情况及制动情况，工作平台能否保持平衡，是否动作。

7. 空载试验。地面操作，进行上下空载运行，整个过程应升降平稳，无异常现象，电路灵敏可靠，各连接处无松动现象。近地面载人操作，主要检查电动机启动、制动情况和手动滑降情况。

**（九）设备检查**

每次使用前的查看，包括：

1. 外观检查。查看工作平台、提升机、提升机与工作平台的连接处应无以下情况：异常磨损、腐蚀、错位、安装误差、表面裂缝、过载、不正常的松动、断裂、脱焊。

2. 检查悬挂机构，各紧固件是否连接牢靠，工作钢丝绳应符合安全技术要求。

3. 钢丝绳连接处牢固，无过度磨损、断裂等异常现象，达到报废的钢丝绳必须更换。钢丝绳下端悬吊的垂锤安装正常。

4. 电器箱、电缆、控制按钮、插头应完好，即位开关、手握开关等应灵活可靠。查电缆线有无损坏，插头是否拧紧，保护零线是否连接可靠，试验篮内配电箱的漏电保护开关是否灵敏可靠。

5. 提升机工作正常，无过度振动现象。提升机的制动和安全锁的锁绳无任何功能异常。

6. 配置（拥护自备）的安全带应良好。以上五项检查内容必须在每日使用吊篮前逐项检查，如有不符之处应马上纠正。否则，不准使用吊篮。

**（十）电动吊篮安全移动及拆卸**

1. 吊篮拆卸必须在现场安全员以及吊篮技术人员的监督下进行，还应注意吊篮底下是否有人工作或逗留，确认安全后，方可实施拆卸工作。

2. 工作平台必须落地放实后，启动提升机提出。

3. 调直安全锁钢丝绳，落下垂锤，然后徐徐将钢丝绳从安全锁内提出。

4. 拆卸电缆线，从地面抽置到屋面盘好捆紧。

**（十一）电动吊篮操作方法**

1. 接通电源，将转换开关拨至中位，按上行按钮工作平台向上运行，松开按钮工作平台停止运行。下降如此类推。

2. 运行中，工作平台出现倾斜，将转化开关关至较低的一侧，升至水平，工作中两侧高差过 15 cm时应将工作平台调平。

3. 当工作平台的限位开关碰到限位挡后，工作平台停止运行，报警电铃鸣叫，按动下行开关，脱离触点。

4. 当工作平台发生倾斜至限定值时，安全锁能自动制止工作平台下滑及倾斜，并能支撑它的总负荷，将工作平台的较低一侧升起，安全锁自动复位。

5. 当工作发生断电时，应关闭电源开关，若需将工作平台降回地面，可从提升机手柄内取出滑降拨杆，插入电机上方风罩内制动器拨叉的螺孔内，向上抬起，工作平台会匀速下降。手动滑降时，应使工作平台基本保持水平状态，不要让安全锁启锁。

**（十二）电动吊篮操作规程**

1. 高处作业吊篮必须经过技术培训合格的人员操作、维修、保养。

2. 进入吊篮人员必须配备并锁扣安全带，戴好安全帽。

3. 工作平台严禁超载，负荷应大致均匀。提升机、安全锁、钢丝绳等严禁带病操作。

4. 在正常工作中，严禁触动滑降装置及用安全锁刹车，工作平台出现倾斜应及时调整。

5. 操作人员在工作平台内使用电气设备时，低于 500W 的电气设备可在备用电源上使用，高于 500W 的严禁使用备用电源，应用独立电源供电。

6. 在架空线周围作业，请按当地相应规程实施，并申报有关部门批准，采取防范监控措施后可使用。

7. 工作平台悬挂在空中时，严禁拆卸提升机、安全锁、钢丝绳等。由于故障确定要进行修理时，应由经培训合格的专职人员在落实安全可靠的措施后方可进行维修作业。

8. 若在工作中发生工作钢丝绳断裂等紧急情况，操作人员应沉着冷静，立即停机后安全撤离工作平台。设备出现问题应由专职维修人员处理。

9. 使用结束后，关闭电源开关，锁好电控箱，应将工作平台下降到地面，并放松工作钢丝绳。

10. 吊篮下方地面为行人禁止区域，需做好隔离措施和明显的警告标志。

11. 专职检修人员应定期对整机主要部件进行检修，并做好记录，发现故障应以书面方式呈报有关部门。

12. 每天在工作结束后应将工作平台降至地面，使安全锁摆臂处于半松弛状态。

13. 工作钢丝绳、安全钢丝绳上下不得有焊渣和烧蚀现象，严禁将工作钢丝绳、安全锁钢丝绳作为电焊低压通电回路。

14. 提升机、安全锁内严禁混入砂浆、胶水、废纸等异物。

**（十三）吊篮安全使用规程**

1. 吊篮操作人员必须身体健康，18岁以上人员。上岗前经过培训，掌握吊篮工作的有关规定。

2. 有低血压、高血压、心脏病者不得从事高空作业。

3. 电源应保持接零并装设漏电保护开关。

4. 钢丝绳不得沾油，不得有扭伤、死弯、松散和摩擦断丝现象。

5. 安全锁如果出现故障，严禁操作人员自行拆卸修理，应马上联系专职技术人员维修或更换。

6. 严禁超载运行。

**（十四）其他安全注意事项**

1. 操作人员上篮要戴好安全帽、系好安全带，用自锁器锁在与吊篮独立的安全绳上，严禁操作人员酒后上篮作业。

2. 必须经常检查电机、提升机是否过热，如有过热现象应停止使用。

3. 吊篮如发生故障，应停止使用，待专业维修人员检修。严禁攀登吊篮。

4. 每日吊篮使用完毕后，应将配电箱、提升机整体用塑料布遮盖。将篮体内杂物清理干净，否则日积月累，既不好清除，又加大了吊篮的负载。

5. 操作人员必须经过培训，持证上岗。

6. 吊篮不准作为载物和乘人的垂直运输工具使用。

7. 所有吊篮上的工作人员必须将安全带通过安全钩固定在从屋面垂下的不锈钢自锁器上。

8. 吊篮在每天使用前，必须认真检查后方可使用。

9. 吊篮发生故障后必须停止使用，并通知检修人员，待检修合格后才可继续使用。

10. 作业结束后。切断电源，锁好电气控制箱。

11. 在吊篮内操作的人员不准穿拖鞋或光脚，或者穿易打滑的鞋。

12. 进行施工时，吊篮平台内应两人以上操作，严禁单人操作吊篮。

13. 吊篮未着地不允许进行位置移动。

14. 吊篮作业时，必须有专职安全人员现场监护。以上各项请严格遵照执行，确保安全!

**（十五）常见故障及排除方法**

1. 工作平台静止时下滑原因：电动机电磁制动器失灵，制动器摩擦盘为易损件。排除方法：①调整摩擦盘与衔铁的间距，合理间隙为0.5～0.6mm。②更换摩擦盘。

2. 工作平台一侧提升机与电动机不动作或电磁制动器发热冒烟原因：制动衔铁不动作，造成制动片与电机盖摩擦。线圈、整流块短路损坏。排除方法：更换电磁制动器线圈或整流块。

3. 电机有异常噪声原因：零部件受损。排除方法：调整更换。

4. 工作钢丝绳不能穿入提升机原因：绳端焊接问题。排除方法：①磨光焊接部位。②钢丝绳端头重新制作。

5. 平台倾斜原因：电动机转速不同步，提升机拽绳差异，制动器灵敏度差异，离心限速器磨损。排除方法：工作平台载荷均匀，调整制动器间隙，更换离心限速器弹簧。

6. 工作钢丝绳异常磨损原因：由压绳轮与绳槽对钢丝绳的摩擦引起。排除方法：更换压绳机构的零件、钢丝绳。

7. 安全锁锁不住钢丝绳原因：①绳夹磨损，钢丝绳沾上油污等。②安全锁动作迟缓。排除方法：更换安全锁扭簧，各运动部位注入适量润滑油，更换安全锁绳夹，更换钢丝绳。

8. 工作平台不能升降原因：供电电源不正常，电机过热造成热继电器动作。排除方法：检查三相供电电源是否正常，电机自然冷却后热继电器复位即可工作。

**(十六) 操作人员注意事项**

1. 操作人员必须有两人，但不准超过三人，必须系好安全带。

2. 操作人员必须身体健康，能适应高空作业，经过培训，掌握吊篮操作的有关规定。

3. 操作人员严禁酒后操作吊篮。

4. 操作人员严禁穿拖鞋上篮操作。

5. 操作人员必须熟知《吊篮安全使用规程》。

6. 操作人员如严重违章，安全员将有权停止吊篮作业。

7. 操作人员每天必须清扫吊篮篮体内杂物，减轻吊篮自重，以保证施工安全。

## 九、培训

当吊篮交付使用后，对操作人员必须进行现场培训。吊篮公司派工程师或技术人员对操作人员进行培训，合格后颁发《吊篮操作证》后方可上岗。设备正常使用后，吊篮公司会长期派驻一名技术人员现场维修、指导、检查安全使用情况。

## 十、维护、保养

为了能够维持吊篮的性能，延长使用寿命，可靠地保障操作人员的安全，更好地为工程服务，操作人员必须对日常使用的吊篮进行一定的维护、保养：

1. 及时清除提升机表面及工作钢丝绳上的污物，避免提升机进、出绳口进入杂物，损伤机内零件。注意检查有无异响或异味，作业后进行遮盖，避免雨水、杂物等侵入。安装、运输、使用中避免碰撞，以免造成机壳损伤。

2. 及时清除安全锁表面和安全钢丝绳上的杂物，注意安全锁的防护措施，避免杂物进入锁内，造成安全锁失灵和失效。作业中避免碰撞安全锁，作业后做好防护工作，避免杂物进入安全锁内。

3. 经常检查钢丝绳表面，及时清理附着的污物，及时发现和排除局部缺陷。

4. 经常检查连接件和紧固件，发现松动要及时拧紧。出现焊缝裂纹或构件变形，应及时和吊篮维修技术员联系进行检修。作业后要及时清理表面污物，注意保护表面漆层，出现漆层脱落应及时补漆，避免锈蚀。

5. 电控箱内要保持清洁无杂物，不得把工具或其他材料放入箱内。避免电控箱、限位开关和电缆受到外力冲击。经常检查电器接头有无松动，如有松动及时紧固。作业完毕后及时拉闸断电，锁好电控箱门，并妥善遮盖电控箱。

6. 如发现异常情况，电气元件损坏、遇到电气故障等技术性问题立即停止使用，通知吊篮维修技术人员进行检修。

## 十一、计算书

依据《重要用途钢丝绳》（GB/T 8918）、《建筑结构荷载规范》（GB 50009）编制。

### （一）参数信息（见图附录 1-2）

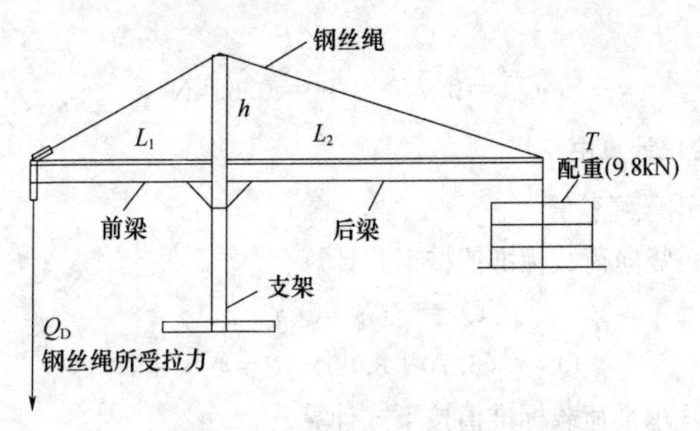


图附录 1-2　吊篮悬挂机构示意图

1. 构造参数

使用吊篮的生产厂家是某模架厂家，使用吊篮的型号是ZLP-630；

悬挂横梁前支架支承点至吊篮吊点的长度 $L_1$＝1.2m，

悬挂横梁前支架支承点至后支架支承点之间的长度$L_2$＝3.0m。

2. 荷载参数

（1）永久荷载标准值 $G_k$＝6.70kN，

（2）施工活荷载标准值 $Q_k=3.00$kN。

（3）风荷载计算

风荷载标准值计算公式如下：

$$\omega_k=\beta_z\mu_z\mu_s\omega_0$$

式中 $\beta_z$——风振系数，$\beta_z=1$

$\mu_z$——风压高度变化系数，$\mu_z=2.46$

$\mu_s$——风荷载体型系数，$\mu_s=1.3\phi=1.3\times0.8=1.04$

$\omega_0$——基本风压值，$\omega_0=0.3\text{kN/m}^2$

$\omega_k$——风荷载标准值，$\omega_k=1\times2.46\times1.04\times0.3=0.77\text{kN/m}^2$

4. 吊篮受风面积 $F=0.90\text{m}^2$。

吊篮的风荷载标准值按下式计算：

$$Q_{wk}=\omega_k\times F$$

$$Q_{wk}=0.77\times0.90=0.69\text{kN}$$

**（二）计算书**

1. 钢丝绳验算

（1）竖向荷载标准值按下式计算：

$$Q_1=(G_k+Q_k)/2$$

$$Q_1=(6.70+3.00)/2=4.85\text{kN}$$

（2）水平荷载标准值按下式计算：

$$Q_2=Q_{wk}/2$$

$$Q_2=0.69/2=0.35\text{kN}$$

（3）动力钢丝绳所受拉力应按下式计算：

$$Q_0=K\sqrt{Q_1^2+Q_2^2}$$

安全系数 $K$ 取 2.00，

$$Q_D=9.72\text{kN}$$

（4）动力钢丝绳抗断能力验算：

钢丝绳的容许拉力按照下式计算：

$$[F_g]=\frac{aF}{K}g$$

式中　$[F_g]$——钢丝绳的容许拉力（kN）；

$F_g$——钢丝绳的钢丝破断拉力总和（kN）；

计算中可以近似计算 $F_g=0.5d^2$，

$d$——钢丝绳直径（mm）=8.30，$F_g=34.45$；

$\alpha$——钢丝绳之间的荷载不均匀系数，本工程钢丝绳规格为 6×19，所以 $\alpha$ 这里取 0.85；

$K$——钢丝绳使用安全系数，取 2.00

经计算 $[F_g]=14.64$kN。

钢丝绳容许拉力 $[F_g]=14.64$kN＞钢丝绳受到的拉力值 9.72kN，满足要求。

2. 悬挂机构前支架计算

支承悬挂机构前支架的结构所承受的集中荷载应按下式计算：

$$N_D=Q_D(1+L_1/L_2)+G_D$$

其中 $G_D$（悬挂横梁自重）=2.00kN

其中 $L_1$（悬挂横梁前支架支承点至吊篮吊点的长度）=1.20m

其中 $L_2$（悬挂横梁前支架支承点至后支架支承点之间的长度）=3.00m

计算结果 $N_D$（支承悬挂机构前支架的结构所承受的集中荷载）=15.61kN

3. 悬挂机构后支架验算：

当后支架采用加平衡重的形式时，支承悬挂机构后支架的结构所承受的集中荷载应按下式计算：

$$T=2\times(Q_D\times L_1/L_2)$$

其中 $L_1$（悬挂横梁前支架支承点至吊篮吊点的长度）=1.20m

其中 $L_2$（悬挂横梁前支架支承点至后支架支承点之间的长

度）＝3.00m

计算结果 $T$（支承悬挂机构后支架的结构所承受集中荷载）＝7.78kN

配重总质量＝9.80kN＞支承悬挂机构后支架的结构所承受集中荷载 7.78kN，满足要求。

## 附录二

# 职业教育中心电动吊篮施工方案

目 录



## 一、编制依据

1. 职业教育中心项目一区、二区工程图纸；
2. 建筑工程施工安全操作规程；
3. 《高处作业吊篮》(GB 19155)；
4. 《建筑机械使用安全技术规程》(JGJ 33)；
5. 《施工现场临时用电安全技术规范》(JGJ 46)；
6. 《建筑施工高处作业安全技术规范》(JGJ 80)；
7. 《建筑施工安全检查标准》(JGJ 59)。

## 二、工程概况

1. 工程概况（表附录 2-1）

**表附录 2-1　工程概况**

| 序号 | 项目 | 内　　容 |
|---|---|---|
| 1 | 工程名称 | 职业教育中心项目一区、二区工程 |
| 2 | 工程地址 | 河北省城市广场 |
| 3 | 建设单位 | ××教育发展投资有限责任公司 |
| 4 | 设计单位 | ××工程设计研究院有限公司 |
| 5 | 勘察单位 | ××岩土工程有限公司 |
| 6 | 监理单位 | ××工程项目管理有限公司 |

2. 建筑设计概况（表附录 2-2）

**表附录 2-2　建筑设计概况**

| 序号 | 项　目 | 内　　容 | | | |
|---|---|---|---|---|---|
| 1 | 建筑地理位置 | 本工程为职业教育中心建设项目，地处河北省东南部，介于东经 115°35′～115°58′，北纬 37°08′～37°35′之间。东隔清凉江与县城相望，西临城市，南靠地区，北接桃城区 | | | |
| 2 | 建筑面积 | 建筑面积 21002m² | | | |
| 3 | 建筑层数 | 4 层 | | | |
| 4 | 建筑高程 | ±0.000 绝对标高 | 22.7m | 建筑高度 | 21.9m（至屋面面层） |

3. 结构设计概况（表附录 2-3）

**表附录 2-3　结构设计概况**

| 序号 | 项目 | 名称 | 内容 |
|---|---|---|---|
| 1 | 基础及结构形式 | 基础类型 | 柱下独立基础 |
|  |  | 结构类型 | 框架结构 |
| 2 | 建筑物平面 | 平面面积 | 6447.22m² |

## 三、准备工作

1. 吊篮进场根据工程场地大小、使用数量及时间等情况，合理安排调度，分批进场。

2. 承租方应在吊篮所使用位置的建筑物内，预备380V电源。

3. 为了降低工人往楼内搬运吊篮配件的强度，提高吊篮的安装速度，应安排塔吊或者升降机设备予以配合。

4. 在使用吊篮位置的楼层面上，应具备基本平整条件（不需要预埋任何配件）。已做防水保护层的，应准备木板若干，以加强成品的保护。

5. 在使用吊篮位置的楼层面上，若有其他杂物，应及时清理干净，以便于吊篮的安装或移动。

6. 租赁公司派吊篮技术人员负责指导现场安装，由承租方配合工人搬运设备配件，协助吊篮的安装、拆卸等工作。

7. 搬运：水平搬运包括平台、绳坠铁、电气系统等；垂直搬运包括屋面悬挂装置、钢丝绳、配重块等。在搬运过程中，需注意机械零部件的保护工作，防止零部件遗失。

## 四、外墙施工用电动吊篮的型号及说明

该项目的外墙装修工程中，根据不同需要分别设置不同长度的电动吊篮，下面将吊篮的型号及相关资料介绍如下：

型号：ZLP—630。

长度：1m、1.5m、2m、2.5m、3m、……、6m（1～6.0m可任意组合长度）。

ZLP—630型吊篮后支架安装40块配重（1000kg）。

额定载重为：ZLP—630为630kg。

ZLP—630型吊篮组成部件：

提升机（LTD6.3）2台；

安全锁（LSG20）2把；

电控箱1套；

屋顶吊架2付；

工作平台1套；

钢丝绳（直径8.3mm）4根；

极限开关（JLXK1-111）2个；

手控手柄（COBB1）1只；

电缆（YC－3×2.5＋2×1.5）1根；

安全绳2根；

自锁器1把。

## 五、电动吊篮布置方案

根据工程需要安装吊篮进行外墙施工使用。现将吊篮悬臂支架安装在屋顶，其篮体长度根据楼体结构选配。

吊篮安装采用常规方式，每台吊篮各有两个悬臂支架，吊篮篮体与施工墙面之间保持不小于0.3m左右，篮体与篮体之间间距保持在0.5～1m之间。

共计需要用吊篮数量2台。具体使用吊篮数量及位置应根据进度要求确定。

## 六、电动吊篮的安装、移位和拆除方案

1. 吊篮进场

吊篮运抵施工现场后，将支架、钢丝绳和配重用施工电梯或塔吊分别运到顶层楼面，将篮体部分搬运至相应位置的地面。

2. 悬挂机构的安装、调试

（1）安装地面选择水平面，遇有斜面时，应该修整铺平，如安装面是防水保温层时，前、后座下加垫5cm厚木板，防止压坏防水保温层。

（2）将插杆插入三角形的前支架内，根据女儿墙（或其他障碍物）的高度调整插杆的高度，用螺栓固定。将插杆插入后支架套管内，插杆的高度与前支架高度等高，用螺栓固定，前、后支

架完成安装。

（3）将前梁、后梁分别装入前、后支架的插杆内，用中梁连接，前、后座间距在场地允许条件下，尽量调整至最大距离。将上支柱安装在前支架插杆上。

（4）安装加强钢丝绳，调节螺杆的螺旋扣，使加强钢丝绳绷紧，使前梁略微上翘 3～5cm，产生预应力，提高前梁刚度；再将工作钢丝绳、安全钢丝绳分别固定在前梁的悬挂机构架上，在安全钢丝绳适当处安装上限位块。

（5）检查上述各部件安装是否正确，确认无误后，将悬挂机构安放在工作位置，前梁伸出端悬伸长度为 1.5m。两套悬挂机构内侧之间的距离应等于悬吊平台的长度。配重均匀放置在后支架底座上，用钢丝绳捆绑好，再将工作钢丝绳、安全钢丝绳从端部放下，此过程中注意钢丝绳的缠绕现象。

安装图示如图附录 2-1 所示：

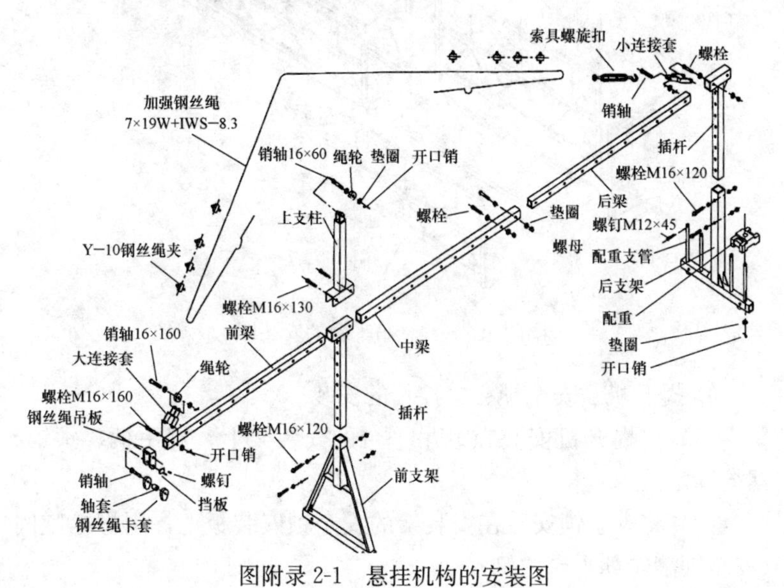


图附录 2-1 悬挂机构的安装图

3. 悬吊平台的安装、调试

（1）将底板垫高200mm以上平放，各基本节对接处对齐，装上篮片，低的篮片放于工作面一侧，用螺栓连接，预紧后保证整个平台框架平直。

（2）将提升机安装在侧篮两端，安装时注意使安全锁支架朝向平台外侧。

（3）装成后均匀紧固全部连接螺栓。

安装图示如图附录2-2所示：

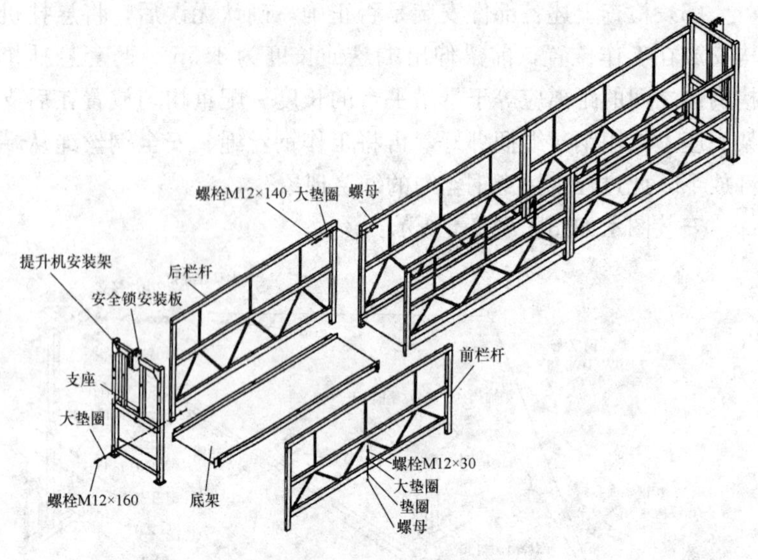


图附录2-2　悬吊平台的安装图

4. 提升机、安全锁、电控箱的安装

（1）将提升机安装在悬吊平台的安装架上，用手柄、锁销、螺栓固定。

（2）将安全锁安装在安装架的安全锁安装板上，用螺栓紧固（安全锁滚轮朝平台内侧）。

（3）拧下安全锁上的六角螺母，将提升机的上限位行程开关安装在该处。

（4）将电控箱挂在工作平台后篮片的中间空隙处，将电动机插头、手握开关插头分别插入电控箱下部相应的插座内（下限位行程开关安装在提升机安装架下部的安装板上）。

（5）各航空插头分别插入电控箱下面对应的插座内，所有航空插头在接插过程中必须对准槽口，保证插接到位，以防止虚接损坏。确认无误后连接电源。

5. 穿绳检查

将电控箱面板上的转换开关拨至待穿钢丝绳的提升机一侧，工作钢丝绳从安全锁的限位轮与挡环中穿过后插入提升机上端孔内，启动上行按钮，提升机即可自动卷绕完成工作钢丝绳的穿绳进位（穿绳过程中要密切注意有无异常现象，若有异常，应立即停止穿绳）。工作钢丝绳到位后，将自动打开安全锁，然后安全钢丝绳从安全锁的上端孔插入（另一侧提升机操作过程相同）。

注意：必须先将工作钢丝绳和安全钢丝绳理顺后才能分别插入提升机和安全锁，以免钢丝绳产生扭曲。

6. 重锤的安装

重锤是固定在钢丝绳下端用来拉紧和稳定钢丝绳的，防止悬吊平台在提升时将钢丝绳随同拉起而影响悬吊平台正常运行。安装时，将两个半片夹在钢丝绳下端（离开地面 15cm），然后用螺栓紧固于钢丝绳上，且钢丝绳垂直绷紧。

7. 安全绳和绳卡的安装

在吊篮安装完毕使用以前，必须从屋面垂下一根独立的安全绳，安全绳在楼顶的攀挂点必须牢固，切不可将安全绳攀挂在悬挂机构上面，顶部挂完后安全绳放置于吊篮的中间，自锁器直接安装在安全绳上面，施工人员在施工中必须将安全带挂在安全绳上的自锁器上。

工作钢丝绳、安全钢丝绳不得弯曲，不得沾有油污、杂物，不得有焊渣和烧蚀现象，严禁将工作钢丝绳、安全锁钢丝绳作为电焊低压通电回路。

8. 通电、检查

（1）通电前检查：

① 电源是380V三相接地电源，电源电缆接出处可靠固定。

② 顶面悬挂机构安放平稳，固定可靠，连接螺栓无松动，平衡配重块安装可靠。

③ 钢丝绳连接处的绳扣装配正确，螺母拧紧可靠。

④ 悬垂钢丝绳应分开，无铰接、缠绕和折弯。

⑤ 提升机、安全锁及悬吊平台安装是否正确，连接是否可靠，连接螺栓有无松动或虚紧，连接处构件有无变形或开裂现象。

⑥ 电缆接插件正确无松动，保险锁扣可靠锁紧。

⑦ 电缆施工立面上无明显凸出物或其他障碍物。

（2）通电后检查及要求：

① 闭合电箱内开关，电气系统通电。

② 将转换开关置于左位置，分别点动电箱门及操纵开关的上升和下降按钮，左提升机电机正反运转。

③ 将转换开关置于右位置，分别点动电箱门及操纵开关的上升和下降按钮，右提升机电机正反运转。

④ 将转换开关置于中间位置，分别点动电箱门及操纵开关的上升和下降按钮，左、右提升机电机同时正反运转。

⑤ 将转换开关置于中间位置，启动左右提升机电机后，按下电箱门上紧停按钮（红色），电机停止转动。旋动紧停按钮使其复位后可继续启动。

⑥ 将转换开关置于中间位置，启动左右提升机电机后，分别按下各行程开关触头，警铃报警，同时电机停止运转。放开触头后，可继续启动。

⑦ 然后上下运动吊篮 3～5 次，每次的升高高度约为 3m。最后再次检查各连接点的安装情况。

**注意：**

（1）吊篮安装过程中，必须注意工作中的自检和互检，并重点检查每根钢丝绳与吊臂连接处有 4 个卡扣，要特别注意各连接点的螺栓和弹垫及平垫是否齐全和牢固。

（2）在施工完毕后必须断开电源总开关。

9. 验收、交接

安装完毕后，组织有关人员进行验收检查，双方确认后签署验收确认单，由相关人员签字后方可投入使用。

10. 移位

将钢丝绳从提升机和安全锁内抽出，并抽回屋面；再将支架、钢丝绳和配重用施工电梯或塔吊运到目的楼面，并相应移动吊篮篮体。

11. 拆除

（1）拆除前对吊篮进行全面检查，记录损坏情况。

（2）吊篮的拆除步骤：

① 将平台停放在平整的地面上，拆下绳坠铁；

② 切断电源；

③ 将电缆从临时配电箱和吊篮上拆下，并卷成圆盘；

④ 将钢丝绳卸下拉到上方，并卷成圆盘扎紧；

⑤ 最后卸下屋面悬挂装置，并做好保护工作。

## 七、安全操作规程及注意事项

吊篮是高处载人作业设备，要特别重视其安全操作和使用。使用时，应严格执行国家和地方颁布的高处作业、劳动安全、施工安全、安全用电及其他有关的法规、标准。根据吊篮的特点，还应严格遵守以下的安全操作和使用规则。

1. 设备检查

每次使用前的查看，包括：

（1）外观检查：查看工作平台、提升机、提升机与工作平台的连接处应无以下情况：异常磨损、腐蚀、错位、安装误差、表面裂缝、过载、不正常的松动、断裂、脱焊。

（2）查悬挂机构，看各紧固件是否连接牢靠，配重块与工作钢丝绳应符合安全技术要求。

（3）钢丝绳连接处牢固，无过度磨损、断裂等异常现象，达到报废的钢丝绳必须更换。钢丝绳下端悬吊的重锤安装正常。

（4）电控箱、电缆、控制按钮、插头应完好，限位开关、手握开关等应灵活可靠。电缆线有无损坏且应包扎好，插头应拧紧，保护零线应连接可靠，试验篮内配电箱的漏电保护开关应灵敏可靠。

（5）提升机工作正常，无过度振动现象。提升机的制动和安全锁的锁绳无任何功能异常。

（6）配置（用户自备）的安全带应良好。

以上检查内容必须在每日使用吊篮前逐项检查，如有不符之处应马上纠正。否则，不准使用吊篮。

2. 电动吊篮安全移动及拆卸

（1）吊篮拆卸必须在吊篮现场人员的监督下，对要拆除的吊篮要确认篮体下面没有工人工作或逗留，方可实施拆卸工作。

（2）工作平台必须落地放实后才能启动提升机。

（3）调直安全锁钢丝绳，落下垂锤，然后徐徐将钢丝绳从安全锁内提出。

（4）拆卸电缆线，从地面抽到屋面盘好捆紧。

（5）拆除挑梁，卸下支架，搬开配重铁，整齐码放，待运。

（6）吊篮内铺设跳板时，脚手板材质应符合要求，满铺、绑牢，不得有探头板。

（7）吊篮外侧要用密目式安全网封闭，多层作业要设置防护顶板隔离层，作业时吊篮要与建筑物连接牢固。

（8）按 JGJ 59—2011《建筑施工安全检查标准》规定，非工作一侧的篮片设置 2 道防护栏杆，高度分别为 0.9m、1.2m；必须设置踢脚板，踢脚板高度 100mm。采用定型生产的吊篮不能满足此要求时，应按要求增设防护设施。

3. 操作规程

（1）高处作业吊篮必须经过技术培训合格的人员操作、维修、保养。这些人员必须无不适应高处作业的疾病和生理缺陷。酒后及过度疲劳、情绪异常都不得上岗。

（2）进入吊篮人员必须配备并锁扣安全带，戴好安全帽。

（3）操作人员上机前，必须认真学习和掌握正确操作方法。使用前必须按检验项目逐项检验，检验合格后方可投入使用，使用中严格执行安全操作规程：使用后认真做好维护保养工作。

（4）工作平台严禁超载，载荷在平台全长上应基本均匀。当施工高度较高及前梁伸出长度超出规定的范围时，平台的载重量必须减少，风力较大时，还必须考虑风压的影响。严禁吊篮平台、提升机、安全锁、钢丝绳等带病作业。

（5）在正常工作中，严禁触动滑降装置及用安全锁刹车，工作平台出现倾斜时应及时调整。

（6）操作人员在工作平台内使用电气设备时，低于 500W 的电气设备可接在备用电源接线端子上，但高于 500W 的电气设备严禁接在备用电源接线端子上，应用独立电源供电。

（7）在高压线周围作业时，吊篮应与高压线有足够的安全距离，并应按规程实施，报有关部门批准，采取防范监护措施后方可使用。

（8）工作平台悬挂在空中时，严禁拆卸提升机、安全锁、钢丝绳等。由于故障确定要进行修理时，应由经培训合格的专职人员在落实安全可靠的措施后方可进行维修。

(9) 吊篮禁止在雷雨天气或五级以上大风的环境下工作。

(10) 若在工作中发生工作钢丝绳断裂等紧急情况，操作人员应沉着冷静，立即停机安全撤离工作平台。设备问题由专职维修人员处理。

(11) 吊篮下方地面为行为禁止区域，需做好隔离措施和明显的警告标志。其他有关施工安全技术措施、现场操作安全措施、劳动保护及安全用电、消防等要求，请严格按国家和地方颁布的有关规定执行。

(12) 悬吊平台两侧倾斜超过一定程度时应及时调平，否则将严重影响安全锁的使用，甚至损坏内部零件。

(13) 悬吊平台栏杆四周严禁用布或其他不透风的材料围住，以免增加风阻系数及安全隐患。

(14) 每天在工作结束后应将工作平台降至地面，使安全锁摆臂处于松弛状态。

(15) 工作钢丝绳、安全钢丝绳不得弯曲，不得沾有油污、杂物，不得有焊渣和烧蚀现象，严禁将工作钢丝绳、安全锁钢丝绳作为电焊低压通电回路。

(16) 使用过程中，提升机、安全锁内严禁混入砂浆、胶水、废纸等异物。每天使用结束后，关闭电源开关，锁好电控箱，将工作平台下降到地面停放，放松工作钢丝绳子，使安全锁摆臂处于松弛状态。露天存放应做好防雨措施，避免雨水进入提升机、安全锁、电控箱等设备中。

(17) 专职检修人员应定期对整机主要部件进行检修，并做好记录，发现故障应以书面方式呈报有关部门。

(18) 吊篮内铺设跳板时，脚手板材质应符合要求，满铺、绑牢，不得有探头板。

(19) 吊篮多层作业要设置防护顶板隔离层，作业时吊篮要与建筑物连接牢固。

（20）架体升降时，非操作人员不得在吊篮内停留。

（21）作业前要向操作人员进行安全交底，每次升降后要经施工、技术、安全等人员检查验收合格后方可使用。

（22）按 JGJ 59—2011《建筑施工安全检查标准》规定，非工作一侧的篮片设置 2 道防护栏杆，高度分别为 0.9m、1.2m；必须设置踢脚板，踢脚板高度 100mm。采用定型生产的吊篮不能满足此要求时，应按要求增设防护设施。

4. 吊篮安全使用规程

（1）吊篮操作人员必须身体健康，18 岁以上人员。上岗前经过培训，掌握吊篮工作的有关规定。

（2）有低血压、高血压、心脏病者不得从事高空作业。

（3）现场电源应保持接零并装设漏电保护开关。

（4）钢丝绳不得有油，不得有扭伤、死弯、松散和摩擦断丝现象。

（5）安全锁如果出现故障，严禁操作人员自行拆卸修理，应马上通知专职技术人员维修或更换。

（6）超高运行要求（3m 篮 500kg，6m 篮 360kg）。

（7）雨雪天气或风力超过 5 级，操作人员不准上篮操作。

（8）架体升降时，非操作人员不得在吊篮内停留。

以上各项请严格遵照执行，确保安全！

5. 操作人员注意事项

（1）操作人员每天必须系好安全带。

（2）操作人员必须身体健康，能适应高空作业，经过培训，掌握吊篮操作的有关规定。

（3）操作人员严禁酒后操作吊篮。

（4）操作人员严禁穿拖鞋上篮操作。

（5）操作人员必须熟知《吊篮安全使用规程》。

（6）操作人员如严重违章，监理应出示停用通知书。

（7）操作人员每天必须清扫吊篮篮体杂物，减轻吊篮自重，以保证施工安全。

6. 常见故障及排除方法

（1）工作平台静止时下滑

原因：电动机电磁制动器失灵（制动器摩擦盘为易损件）。

排除方法：

① 调整摩擦盘与衔铁的间距，合理间隙为0.5～0.6mm。

② 更换摩擦盘。

（2）工作平台一侧提升机与电动机不动作或电磁制动器发热冒烟。

原因：制动衔铁不动作，造成制动片与电机盖摩擦。线圈、整流块短路损坏。

排除方法：更换电磁制动器线圈或整流块。

（3）电机有异常噪声

原因：零部件受损。

排除方法：调整更换。

（4）工作钢丝绳不能穿入提升机

原因：绳端焊接问题。

排除方法：

① 磨光焊接部位。

② 钢丝绳端头重新制作。

（5）平台倾斜

原因：电动机转速不同步，提升机拽绳差异，制动器灵敏度差异，离心限速器磨损。

排除方法：工作平台载荷均匀，调整制动器间隙，更换离心限速器弹簧。

（6）工作钢丝绳异常磨损

原因：压绳轮与绳槽对钢丝绳的摩擦引起。

排除方法：更换压绳机构的零件、钢丝绳。

（7）安全锁锁不住钢丝绳

原因：绳夹磨损，钢丝绳上有油污等。安全锁动作迟缓。

排除方法：更换安全锁扭簧，各部位注入适量润滑油，更换安全锁绳夹、更换钢丝绳。

（8）工作平台不能升级

原因：供电电源不正常，电机过热造成热继电器动作。

排除方法：检查三相供电电源是否正常，电机自然冷却后热继电器复位后即可工作。

## 八、季节性施工措施

1. 在雨季，应将吊篮的左右提升机用防水油布包裹住，并在电缆的接口处用防水胶布密封住以便尽可能地防止雨水进入电机内。

2. 电缆的所有接头都用防水胶布缠绕，电控箱的各个承插接口在雨季施工中也必须用防水胶布处理。

3. 吊篮内的操作人员必须穿防滑和绝缘电工鞋。

4. 雷雨天及大风天绝对禁止施工，并在雷雨到来之前彻底检查吊篮的接地情况。

5. 五级以上大风天气，必须将吊篮下降到地面或施工面的最低点。

## 九、验算、验收

1. 验算：

（1）屋顶吊架的受力说明：该吊架的力学模型为超静定系统。

（2）钢丝绳的受力检验：吊篮系统采用的是航空用钢丝绳，结构为 4×31SW+NF，直径 8.3mm，公称强度为 2160MPa，破断拉力不小于55kN；

（3）吊篮系统钢丝绳强度校核计算：

ZLP—630型电动吊篮：

钢丝绳的工作拉力是吊篮的额定载重量、吊篮平台自重和钢丝绳自重所产生的重力之和。ZLP—630型电动吊篮平台按照最长6m吊篮，自重 $G_{自}=480kg$，额定载重量 $G_{额}=630kg$，钢丝绳自重 $G_{自}=30kg/100m$ 计算。吊篮工作时通过两端提升机中的两根钢丝绳将载荷传递给两个支架的吊杆，即两个吊点受力，则每个吊点受力：

$G=(G_{自}+G_{额}+4\times G_{钢丝绳自重})/2=(480+630+4\times 30)/2=615kg=6.027kN$

钢丝绳直径选择可由钢丝绳最大工作静拉力确定，按照钢丝绳所在机构工作级别有关的安全系数选择钢丝绳直径。所选钢丝绳的破断拉力应满足 $F_0/S\geqslant n$；

式中 $n$——钢丝绳最小安全系数，工作级别为8级时，安全系数为9；

$F_0$——钢丝绳破断拉力；

$S$——钢丝绳最大工作静拉力。

则 $n=F_0/S=55/6.027=9.13>9$

所以，钢丝绳满足使用安全要求。

（4）支架吊杆的力矩平衡：

ZLP—630型电动吊篮吊架前梁外伸数值在1.5m时，最大额定承载重量 $G_{额}=630kg$；

吊杆前梁外伸1.5m，前后支架之间距离为4.3m时：

吊点处钢丝绳下拉力 $G=615kg=6.027kN$；

每个支架配重 $G_{配重}=500kg$；

吊臂的力矩 $M_1=1.5G=1.5\times 615\times 9.8=9040.5N\cdot m$；

反倾翻力矩 $M_2=4.3G_{配重}=4.3\times 500\times 9.8=21070N\cdot m$；

$N=M_2/M_1=21070/9040.5=2.33>2$（抗倾覆安全系数）

吊架的抗倾翻能力符合标准要求。

**注意：**吊架前悬臂梁外伸最大为1.7m，此时最大额定承载重量为480kg，但当吊架外伸长度需要超出1.7m时，必须另出方案说明。

（5）电缆及电箱的选择：

ZLP系列电动吊篮的电机参数如下：

额定功率：1.5kW，额定电流：3.95A；依据“机电设备设计手册”的推荐值，选用3×2.5+2×1.5的5芯电缆，该电缆的额定电流值为10A。

选用100A的空气开关及相应的漏电开关。实际需要数量应根据现场情况确定。

2. 验收：

（1）租赁公司安装负责人进行自检，并填写检查单；

（2）指派检查人员对吊篮安全运行进行检查验收，其内容如下：

① 平台及悬挂机构，安装是否符合要求；

② 配重的质量及块数是否符合要求；

③ 悬挂机构的抗倾覆系数是否小于2；

④ 挑梁外伸是否符合要求；

⑤ 电气系统有无安全保护装置，电缆有无破损；

⑥ 安全锁及提升机是否正常。

3. 根据具体情况签字交接。

## 十、培训

当吊篮交付使用后，对操作人员必须进行现场培训。租赁公司派工程师或技术人员对操作人员进行培训，合格后方可上岗。

设备正常使用后，租赁公司会长期派驻一名技术人员现场维修、指导、检查安全使用，承租方应予以配合。

## 十一、维护、保养

为了能够维持吊篮的性能，延长使用寿命，可靠地保障操作人员的安全，更好地为承租方服务，希望操作人员对日常使用的吊篮进行一定的维护、保养。

1. 及时清除提升机表面及工作钢丝绳上的污物，避免提升机进、出绳口混入杂物，损伤机内零件。注意检查有无异响或异味，作业后进行遮盖，避免雨水、杂物等侵入。安装、运输、使用中避免碰撞，以免造成机壳损伤。

2. 及时清除安全锁表面和安全钢丝绳上的杂物，注意安全锁的防护措施，避免杂物进入锁内，造成安全锁失灵和失效。作业中避免碰撞安全锁，作业后做好防护工作，防止雨、雪等杂物进入安全锁内。

3. 经常检查钢丝绳表面，及时清理附着的污物，及时发现和排除局部出现的缺陷。

4. 经常检查连接件和紧固件，发现松动要及时拧紧。出现焊缝裂纹或构件变形，应及时和租赁方技术员联系进行检修。作业后要及时清理表面污物，注意保护表面漆层，出现漆层脱落，应及时补漆，避免锈蚀。

5. 电控箱内要保持清洁无杂物，不得把工具或其他材料放入箱内。避免电控箱、限位开关和电缆受到外力冲击。经常检查电器接头有无松动，如有松动及时紧固。作业完毕后及时拉闸断电，锁好电控箱门，并妥善遮盖电控箱。

6. 如发现异常情况，电气元件损坏、遇到电气故障等技术性问题立即停止使用，通知技术人员进行检修。

附录三

# ××小学外装饰工程吊篮施工方案

目　录



## 一、工程概况

××小学外装饰幕墙工程位于城市新区，本工程玻璃幕墙为横隐竖明框玻璃幕墙，约 3000m$^2$。铝型材选用静电粉末喷涂材料，全部选用 120 系列。玻璃选用中空 Low-E 玻璃。

## 二、高处作业吊篮简介

(一) 吊篮型号 ZLP—630，主要技术性能参数如表附录 3-1 所示：

**表附录 3-1 主要技术参数**

| 项目 | | 技术数据 | 备注 |
| --- | --- | --- | --- |
| 额定载重 | | 630kg | 包括作业人员在内的施工活荷载 |
| 悬吊平台（长×宽×高） | | 最大组合长度 6m×宽度 0.69m×前栏高 1.1m/后栏高 0.8m | |
| 额定升降速度 | | 9.3m/min | |
| 提升机 | 型号 | LTD6.30 | |
| | 功率 | 3kW | 每台吊篮两台电机各 1.5kW |
| | 电压 | 三相 380V、50Hz | 三相五线制配电 |
| | 制动力矩 | 15N·m | |
| 安全锁 | 型号 | LSG20 | 每个吊篮两只安全锁 |
| | 允许冲击力 | 20kN | |
| | 锁绳角度 | 10° | 悬吊平台与水平面的倾斜角度 |
| 悬挂装置 | 前梁额定伸出量 | 1.3m | 最大伸出量不大于 1.7m |
| | 悬挂支架调节高度 | 1.1～1.8m | 调节间距 10cm |
| | 镀锌钢丝绳 | 4×25Fi+PP－$\phi$8.3 | 破断拉力≥51.8kN |
| 质量 | 平衡配重 | 900kg | 实际安装时偏于安全，每台 1t |
| | 悬挂机构 | 300kg | 不含配重 |
| | 整机（除配重） | 776kg | 含最长平台 6m 的金属构件及电器 |
| 主电源电缆线 | | 3×2.5+2×1.5YZ－5 | 三相五线制电缆 |

（二）吊篮结构原理简介如下：

吊篮整机主要由五部分组成：①悬挂机构；②悬吊平台；③提升装置；④安全装置；⑤电气系统。

1. 悬挂机构

架设于建筑物屋面上，由两套独立的钢结构架及钢丝绳组成。钢结构架由钢结构件通过螺栓或销子连接而成。每套悬挂钢结构架的前梁分别悬垂两根钢丝绳，一根为提升机用工作钢丝绳，一根为安全锁用钢丝绳。钢丝绳系吊篮专用镀锌钢丝绳，强度高，耐锈蚀性能好。型号为4×25Fi＋PP－Φ8.3，破断拉力不小于51.8kN。钢丝绳使用过程中，按《起重机钢丝绳保养、维护、检验和报废》GB 5972的有关规定，对钢丝绳的磨损、锈蚀、短丝、异常变形等进行检验，达到报废标准即更新钢丝绳。

上述计算钢丝绳的安全系数（按极限状态下单根钢丝绳独立承载考虑）：

作用在钢丝绳上的拉力 $F=776-300+630=1106$（kg）

安全系数＝51800N÷(1106kg÷9.8)＝4.78(kg)，达到安全要求。

2. 悬吊平台

由片式组焊件通过螺栓连接成框型钢结构装置，用以承载作业人员及施工器材。

3. 提升装置

每个悬吊平台两端各装有一台提升机。提升机采用电磁制动电机和离心限速装置及手动滑降装置。电磁制动装置在电路故障或断电时，产生制动力矩使平台制动悬吊。离心限速装置能保证平台下滑速度不大于1.5倍额定提升速度。手动滑降装置在电气故障或停电以及紧急情况下操纵吊篮平台下降。具体方法是：用置于提升机手柄内的拨杆插入电磁制动器（电机风罩内）拨叉的孔内，向上抬起拨杆，打开制动器，可使工作平台匀速下滑。

4. 安全装置

包括安全锁及安全钢丝绳。安全锁属于防倾斜型，每个平台两端各装有一把安全锁和安全钢丝绳，当工作钢丝绳断裂或平台一端倾坠时，能自动锁住安全钢丝绳以防止平台下降。

5. 电气系统

包括电缆、限位器、漏电保护器及其他控制开关。

## 三、吊篮布置方法

### （一）吊篮平面布置

吊篮沿建筑物周边布置。实际安装时，吊篮的具体安装位置、平台长度以及吊篮数量和时间先后等，需结合下述因素因地制宜：第一、施工作业面及施工工艺需要；第二、施工单位根据材料组织、劳动力安排和施工进度情况作出的具体要求；第三、吊篮安装的可操作性。

（二）吊篮悬吊平台内侧与建筑物的间隙为 15～45cm，在挑板位置间隙应适当小一些，以尽可能满足墙面的施工需要。在采光井、空调板及其他挑板位置，若已装吊篮不能完全满足作业面要求，则可通过吊篮移位达到作业面要求。

（三）由于屋顶有高女儿墙构造，而吊篮悬挂支架自身调节高度不大于 1.8m，因此在高度大于 1.8m 的女儿墙部位，需在屋面搭设钢管脚手架，作为吊篮悬挂支架的支撑平台，同时作为吊篮安装人员操作平台。

## 四、施工准备

（一）人员组织。吊篮施工管理组织架构如下所示：

组织部署：

1. 人员准备

每栋楼安排吊篮技术人员负责指导安装，承租方派出 8～10 名工人协助安装。

2. 吊篮准备

吊篮根据工地实际情况采取分批进场。

3. 机械准备

使用塔式起重机或施工升降机。安装布置详工艺流程图、现场组装图、配重示意图。吊篮施工组织框架如图附录 3-1 所示。

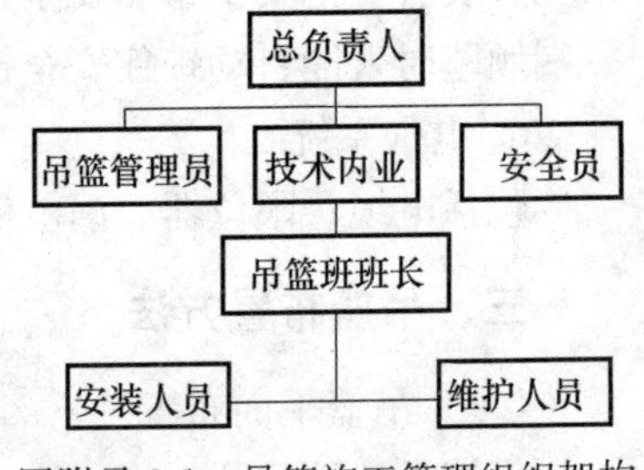


图附录 3-1　吊篮施工管理组织架构

总负责人负责吊篮施工全过程的总体策划、组织、协调和监督。

技术内业负责施工方案的编

制、报审等技术工作，解决施工中的技术问题。

吊篮管理员负责吊篮现场安装拆卸和维护保养作业的施工管理，负责控制吊篮安装过程的质量以符合规定要求，同时按“谁施工谁负责”的原则保证安全生产。另外，现场管理员负责与项目部进行沟通和协调，以满足施工需要和项目部的要求。

安全员负责对吊篮施工过程中的质量和安全进行监督管理和安全检查。

吊篮班班长负责组织安装人员按施工方案进行吊篮安装拆卸，严格执行操作规程，保证工作质量和生产安全。

吊篮维护人员负责进行吊篮使用中的检查巡视和日常维修保养及故障排除工作。

（二）材料组织

（1）按照项目部要求，按时组织吊篮材料入场。

（2）安装前，工人班组对吊篮各个零部件进行检查，避免使用不合格者。

（3）吊篮安装安全技术交底。吊篮管理人员向工人班组进行交底，交底内容包括吊篮安装技术及质量要求和吊篮安装安全注意事项。

## 五、安装程序

（一）安装流程

吊篮安装顺序图如图附录 3-2 所示：

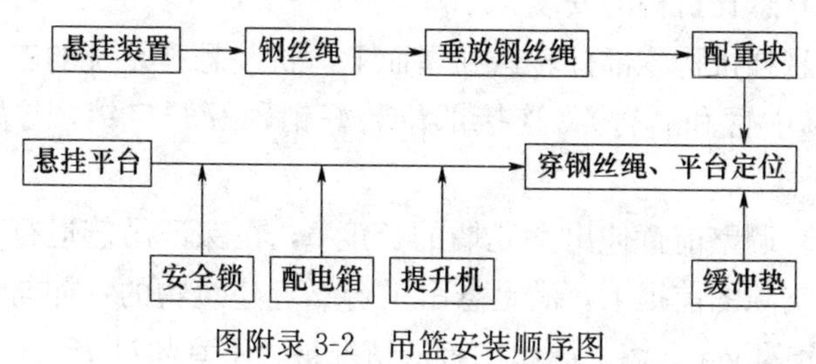


图附录 3-2　吊篮安装顺序图

安装流程

转运材料→组装悬挂机构钢结构件→压放配重块→安装并垂放镀锌钢丝绳→组装平台→安装提升机安全锁→安装电气系统→自检并确认部件安装正确完整→试运行→提升机运行正常→验收合格，交付使用

（二）吊篮悬挂系统的安装

电动吊篮组装工艺流程图如图附录3-3所示：

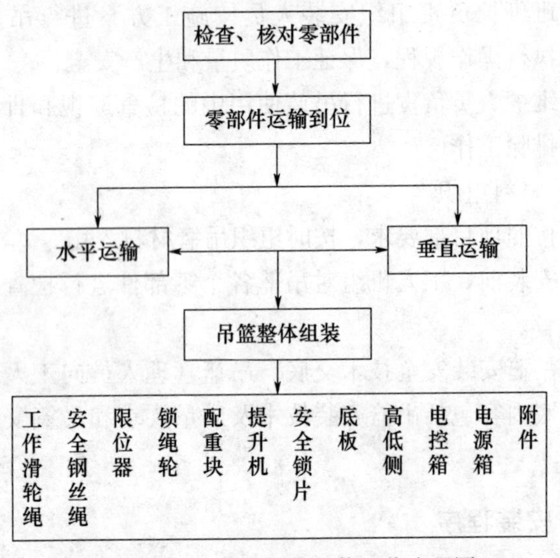


图附录3-3　电动吊篮组装工艺流程图

（1）悬挂机构的安装

将悬挂机构零部件转运到屋面上。拼装悬挂系统的三节臂杆（前臂、中臂和后臂），连接部位装好销轴及开口销，拧紧连接螺栓。

（2）调整前臂伸出女儿墙的长度 $a$，在保证吊篮运行与建筑物所需空隙的前提下，满足悬吊平台靠近建筑物的一侧与墙的间隙为15～45cm。墙上凸出挑板的情况最大不宜超过75cm。

（3）使拼装后的悬挂臂杆前支点和后支点之间的距离 $b$ 为臂杆悬挑长度 $a$ 的两倍以上。压放平衡配重的要求，每个支架平衡重质量 500kg，每台 1000kg。

在屋顶构架部位吊篮悬挂系统的锚固方法。用（直径 $\phi 8.3$）钢丝绳穿入后支点处臂杆螺栓孔，将臂杆与构造梁缠绕数圈并固定在一起，调节钢丝绳预受力绷紧，用三个 10mm 绳夹固定，绳夹间距 10～12cm，钢丝绳自由端长 12cm 以上。悬吊平台示意如图附录 3-4 所示。

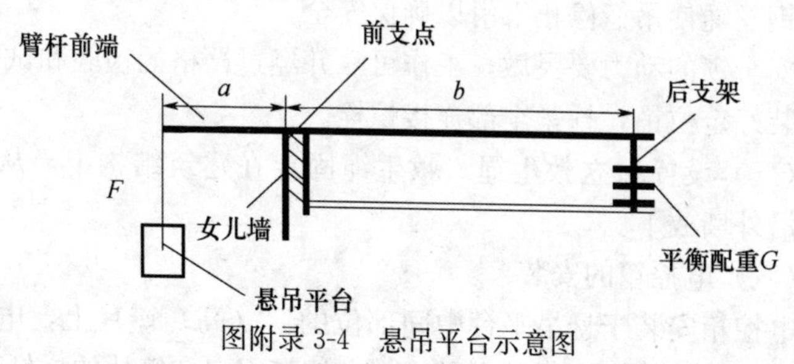


图附录 3-4　悬吊平台示意图

注：$a$、$b$、$F$、$G$ 的关系详见（10）“吊篮悬挂系统稳定性验算”部分内容

（4）安装提升钢丝绳和安全钢丝绳。分别将提升钢丝绳和安全钢丝绳绕过绳轮后安装三个钢丝绳夹，绳夹间距 12～14cm，绳夹滑鞍压在工作段上，非工作段长度 10～12cm。

检查确认钢丝绳绳夹紧固可靠，再将固定钢丝绳绳轮与悬挂前臂耳板穿上连接销轴，开口销尾部叉开。钢丝绳绳夹螺栓拧紧的扭力矩应达到 60～65N·m。

分别将提升钢丝绳和安全钢丝绳沿外墙缓慢放下。

（三）组装悬吊平台。

选择平整的地坪安装面，各基本节对接处对齐，预紧后整个平台框架平直，安装两端提升机架使安全锁支架朝向平台外侧，装成后均匀紧固全部螺栓。

根据项目部指定的具体位置确定所需吊篮平台的长度进行组

装。平台组件不应有歪斜、扭曲及严重锈蚀等缺陷，连接件必须齐全、紧固可靠。

（四）将安全锁及提升机安装就位

吊篮上必须装有两把安全锁，在吊篮悬挂处增设一根与提升机构上使用的工作钢丝绳相同型号的安全钢丝绳，每根安全钢丝绳上必须安装有不能自动复位的安全锁。

安全钢丝绳得以自由通过安全锁，当吊篮发生倾斜或工作钢丝绳断裂时，吊篮框的倾斜角度达到锁绳角度时，安全锁起作用加紧钢丝绳使吊篮停止下滑以确保安全。

安全锁的动力要灵敏，工作可靠并经过严格的检验和试验。

装好定位销，拧紧全部连接螺栓。

（五）设置独立救生绳。救生绳固定在建筑结构上，从吊篮内侧沿外墙放下。

（六）电控箱的安装

电控箱安装于悬吊平台中间部位的后（高）篮片上，电箱门朝向悬吊平台内侧，用两个吊钩将电控箱固定在篮片的栏杆上，

电控箱安装固定后，将电源电缆、电机电缆、操纵开关电缆的接插件插头插入下端的相应插座中。

（七）通电、检查

电源是380V三相接地电源，电源电缆接出处可靠固定。

电缆接插件正确无松动，保险锁扣可靠紧锁。

电缆施工立面上无明显凸起物或其他障碍物。

（八）安全绳及绳卡的安装

安全绳在楼顶的攀挂点必须牢固，不可将安全绳系挂在悬挂机构上面，顶部安全绳放置于吊篮的中间，自锁扣直接安装在安全绳上面。

## 六、安装竣工验收

（一）在安装过程中，工人班组对每一道工序进行自检，确

认合格后再继续下一道工序。检查并确认电气线路接线正确、平台及悬挂支架各连接件齐全可靠。点动控制箱按钮，检查电气元件、电机及制动器工作是否正常。检查安全锁锁绳及松绳工作是否正常。

（二）吊篮安装完毕，先经安装班组检查和试运转调试，经吊篮管理人员检查合格后，再通知项目部管理人员及相关人员进行检查验收。按照国家标准《高处作业吊篮》（GB/T 19155）及相关规定，对吊篮所有零部件及连接情况等进行检查，并对吊篮进行运转试验，检查葫芦及安全装置的工作情况。经验收合格后，项目部代表及相关人员在吊篮安装验收表上签字确认。

## 七、吊篮拆卸

（一）吊篮拆卸过程与安装过程正好相反，先装的后拆，后装的先拆。

（二）吊篮拆卸的主要流程是：降落悬吊平台着地→钢丝绳完全松弛卸载→拆卸钢丝绳→拆除电气系统→解体平台→取平衡重→解体悬挂支架→材料清理

（三）拆卸过程注意事项：

（1）必须按工作流程进行拆卸，特别注意平台未落地且钢丝绳未完全卸载之前，严禁进行平衡重的拆除。

（2）拆卸过程工具及配件等任何物件，均不得抛掷，尤其注意钢丝绳、电缆拆除时不得抛扔，而必须用结实麻绳拽住，从高处缓慢放松，或收上屋面再转运至地面。

（3）拆卸作业对应的下方应设置警示标志，专人负责监护。

（4）吊篮上所有材料拆卸后均应放置平稳，不得靠墙立放或斜放或于临边放置。

（5）拆卸过程中，放钢丝绳、转运材料，必须特别注意保护建筑物成品（如墙面、楼地面、雨水管等），采取可靠措施防止碰撞、擦剐损坏。

## 八、安全措施

（一）安全交底。在吊篮安装、拆卸前，吊篮管理人员对安装班组工人进行安全交底。进入施工现场必须戴好安全帽，高处临边作业必须拴好安全带。

（二）必须严格执行正常安装拆卸的程序和步骤，不得擅自改变。现场管理人员应督促工人班组遵守安全操作规程及有关规定。

（三）严格质量把关。只有经安装竣工验收合格的吊篮方可投入使用，未经验收合格者严禁使用。

（四）项目部作业工人上吊篮前应经过培训，尤其在后期换人后，必须进行培训。培训工作由项目部负责组织，安装单位负责进行培训。

（五）项目部负责吊篮使用安全管理。

项目部应指定管理人员（施工员或安全员等）主管吊篮日常施工安全，应经常检查和监督班组作业人员必须严格遵守吊篮安全操作规程。

吊篮使用中发生故障或发现安全隐患时，应停机并撤离到安全地方，不得勉强使用或自行处理，同时应报告项目部处理或吊篮安装单位维修，待吊篮故障或隐患排除后才可恢复使用。

（六）吊篮安装单位对吊篮进行日常维修和安全检查。

现场维修人员每天对吊篮进行检查，发现故障立即排除。吊篮管理人员每周定期进行吊篮安全检查，安全员进行定期检查和不定期巡查，制止和纠正工人班组违章违规行为。日常检查过程中，钢丝绳、安全装置（包括平衡重、安全锁、独立救生绳）以及吊篮结构连接为保证项目，每日必检，一旦发现问题必须立即采取措施进行整改。管理人员应对整改落实情况进行监督，确保隐患排除。

（七）项目部应在作业吊篮下方对应的危险区域设置警戒，由专人负责看护。吊篮下方应禁止交叉作业。

## 九、环保措施

（一）控制噪声。作业过程中，作业人员应采取措施避免发出较大声响。

（二）禁止在施工现场焚烧废油、废棉纱等各类物资，防止产生有毒有害气体和引发火灾事故。

（三）旧手套等废弃物品收集到项目部指定的堆放位置。每班工作结束，作业人员到项目部指定的地方洗手，将污水排入项目部专门的收集池内。

## 十、吊篮悬挂系统稳定性验算

悬挂臂杆受力简图如图附录 3-5 所示：

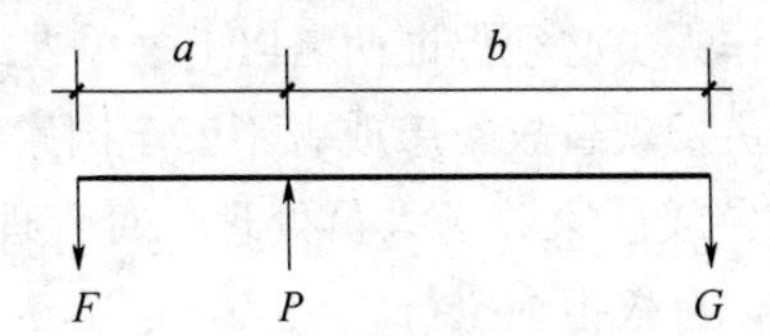


图附录 3-5　悬挂臂杆受力简图

$a$——臂杆前端悬挑长度。安装过程中控制为 $a \leqslant 1.3\text{m}$。

$b$——臂杆后段平衡臂长度，通常情况下 $b$ 为臂杆悬挑长度 $a$ 的两倍以上。

$G$——配重；吊篮使用说明书规定，前梁额定伸出长度下，吊篮配重 900kg，从偏于安全考虑，实际每台吊篮安放 1000kg 配重，即每台吊篮的两个配重支架上各压放配重 500kg。

$F$——吊篮悬挂端的总荷载，包括恒荷载和施工活荷载。

恒荷载包括平台、提升机、钢丝绳、安全锁等构配件自重；施工活荷载包括作业人员和施工器材的质量。查吊篮说明书，6m

平台的吊篮 $F=776-300+630=1106$kg。

稳定系数 $k=Gb/Fa=900\text{kg}\times 4\text{m}/(1106\text{kg}\times 1.3\text{m})=2.5$

因 $K=2.5>2$，故悬挂系统稳定性符合安全要求。

## 十一、电动吊篮技术交底兼安全操作规程

（一）操作人员

（1）操作人员必须年满18周岁，无不适应高处作业的疾病和生理缺陷。酒后、过度疲劳、情绪异常者不许上岗。

（2）操作人员必须佩戴安全带、安全扣、安全帽、穿防滑鞋。进入吊篮后必须马上将安全带上的自锁钩扣在单独悬挂于建筑物顶部牢固部位的保险绳上。

（3）操作人员必须经过上岗培训，作业时必须佩带附本人照片的操作证。必须按检验项目检验合格后方可上机操作。使用中应严格执行安全操作规程。

（4）上篮操作人员必须保证两名以上（单人吊篮除外）。

（5）操作人员发现事故隐患或者不安全因素，必须停止使用吊篮，报公司领导或厂家驻场人员处理。对管理人员违章指挥、强令冒险作业的，有权拒绝执行。

（二）操作环境

（1）吊篮运行时严禁超载，平台内载荷应大致均布。ZLP—630型电动吊篮控制使用为载荷630kg（以上载荷包括人体质量）。

（2）使用现场吊篮与高压线、高压装置间应有足够的安全距离，一般不少于10m。

（3）出现雷雨、大雪、大雾、五级风以上不得使用吊篮。

（4）吊篮不宜接触腐蚀气体及液体，在不得已的情况下，使用时应采取防腐蚀隔离措施。

（5）正常工作温度为：（−20～+40）℃，电动机外壳温度超过65℃时，应暂停使用吊篮。

（6）正常工作电压应保持在（380±5）%范围内，当现场电源电压低于360V时，应停止作业。

（三）悬挂机构

（1）操作前，应全面检查屋面悬挂机构焊缝是否脱焊和漏焊，绳扣、螺栓是否齐全、松动。

（2）配重块数量是否足够、放置是否妥当。并有固定措施，防止滑落。

（3）悬挂机构两吊点间距应比悬挂平台两吊点间距大5～10cm。

（四）悬吊平台和提升机

（1）悬吊平台按使用所需长度拼装连接成一体，各连接螺栓应紧固。各焊接点不脱焊和漏焊。

（2）禁止在悬吊平台内用梯子或其他装置取得较高工作高度。

（3）不准将电动吊篮作为垂直运输和载人设备使用。

（4）工作平台倾斜时应及时调平，两端高差不宜超过15cm。

（5）吊篮上下运行过程中，吊篮与墙面应相距10cm以上；遇到墙面凸出障碍物时，作业人员应用力推墙，使吊篮避开。

（6）严禁对悬吊平台做出“猛烈晃动”“荡秋千”等动作。

（7）必须经常检查电机、提升机运行时是否有异常噪声、过热和产生异味等异常现象。如有上述现象，应停止使用。

（8）检查提升机正常的方法：将平台提升至离地1m高，停止后应无滑降现象，手动松开制动装置应能均速下降，其速度应小于12m/min。

（五）安全锁

（1）安全锁与提升架应可靠连接，无位移、开裂、脱焊等异常现象。

（2）安全锁在工作时应该是开启的，处于自动工作状态，无须人工操作。安全锁无损坏、卡死，动作灵活，锁绳可靠。

（3）空中开启安全锁，首先点动提升低侧吊篮平台使安全锁打开。在安全绳受力时，切忌蛮力扳动、强行开锁。

（4）禁止安全锁锁闭后开动机器下降。禁止操作人员自行拆卸修理。

（5）安全锁必须加装绳坠铁。

（6）检查安全锁正常的方法：提升一侧电机，使吊篮倾角大于4～8度。测试安全锁是否锁绳，若不能锁住则停用此吊篮，必须更换安全锁后方可使用。

（六）限位

（1）限位装置应保证齐全、可靠。

（2）工作平台运行至极限开关后平台自动停止，此时应及时降低平台，使行程开关脱离限位块。

（3）检查限位正常的方法：在提升机工作的过程中，按动两端限位开关，平台应停止运行。

（七）电气系统

（1）检查电缆线及各个连接插头、插座有无破损、漏电等现象，指示灯工作是否正常。按动各开关按钮应无异常，各电气元件必须灵敏可靠。

（2）电缆线在吊篮扶手处应采取抗拉保护措施。作业过程中应密切注意电缆是否被墙面挂住，若被挂住切不可硬拉，应上下活动吊篮使电缆放松，排除后方可运行。当吊篮下行离地面50cm时，应停机检查电缆线、钢丝绳是否有被吊篮压着的可能，排除后方可降落至地面。

（3）吊篮停止使用时，必须将吊篮控制箱电源开关拉闸，当收工时不但要关闭控制箱电源还要同时将电源总闸切断，使整根电缆线不带电。

（4）无论何种天气，收工时必须用防水布将电机、电控箱严密包裹。开工前，应先将防水布摘下来叠放好后方可启动。

（5）随时注意电缆出现的破损情况，及时用绝缘胶布将破损处裹严，防止铜丝外露打火伤人。

（八）钢丝绳

（1）必须使用说明书规定的钢丝绳，穿绳正确，绳坠铁悬挂齐全。

（2）钢丝绳的报废应符合《起重机钢丝绳保养、维护、检验和报废》（GB/T 5972）的规定。

（3）操作过程中，随时注意防止异物卷进电机和安全锁孔内。特别注意钢丝绳上不得有砂浆、玻璃胶等杂物。

（九）电焊作业

（1）电焊机严禁放置在吊篮上。

（2）电焊地线不能与吊篮任何部件连接。

（3）电焊钳不能搭挂在吊篮上，应放在绝缘板上以防打火。

（4）严防电焊渣溅到钢丝绳上。

（十）移篮

（1）吊篮移动方案必须得到厂家（租赁单位）专业技术人员同意，并由厂家技术人员指导移动。

（2）屋面悬挂机构移动到新位置时，必须将垫木重新放置于加强绳立杆垂直点下方。垫木严禁使用砖石块代替。

（3）立杆下方垂直支点必须放在屋面可靠的承重支撑点上。

（4）新位置的横梁与大墙夹角不得小于45°。

（5）当屋面悬挂机构在检修或移动时，必须在吊篮上设置“严禁使用”警示标志以防事故发生。

（6）吊篮移位后，必须通过厂家（租赁单位）来人验收后方能投入使用。

（十一）应急措施

（1）施工中突然断电时，应立即关闭电控箱的电源总开关，判别断电原因，必要时可操作专用手柄，使平台缓慢降至地面。

（2）当发生松开按钮但不能停止上、下运行时，应立即按下电控箱上的红色急停按钮，或者立即关上电源总开关，切断电源使悬吊平台紧急停止。然后让专业维修人员排除电气故障后再进行作业。

（3）在上升或下降过程中，悬吊平台倾角过大，此时安全锁自动锁绳，应及时停止，提升低侧平台使悬吊平台接近水平状态为止，开锁后正常使用。

（4）当工作钢丝绳突然卡在提升机内，立即停机。严禁用反复升、降操作来强行排除险情。操作人员在确保安全的前提下撤离悬吊平台，并派经过专业训练的维修人员进入悬吊平台进行排险，故障提升机必须全面检修后才能投入使用。

（5）一端工作钢丝绳破断、安全锁锁住安全绳时，仍然采用上述方法排除险情，但是特别注意动作要轻，要平稳避免安全锁受到过大冲击和干扰。

（6）凡工地出现任何与吊篮有关的问题，请马上和厂家驻场人员取得联系，切不可盲目操作！

安全技术交底参见表附录 3-2。

**表附录 3-2　安全技术交底记录**

<table>
<tr><td colspan="2">安全技术交底记录表 C2-1</td><td>编　号</td><td></td></tr>
<tr><td>工程名称</td><td>××小学外装饰工程</td><td>交底日期</td><td></td></tr>
<tr><td>施工单位</td><td>××建筑工程有限责任公司</td><td>分项工程名称</td><td>吊篮施工</td></tr>
<tr><td>交底提要</td><td colspan="3">吊篮安装拆除</td></tr>
<tr><td colspan="4">交底内容：<br>1. 安装作业前，作业人员应仔细学习方案，熟悉安装程序和安全注意事项。各工种作业明确岗位职责，必须责任到人，分工协作，服从屋面地面作业统一指挥并统一联络信号，应随时有效联系。<br>2. 作业人员必须严格遵守安全技术操作规程，持证上岗。严禁违章违规作业。作业人员必须按规定佩戴安全帽，系全身式安全带。<br>3. 吊篮搭设必须遵循方案及使用说明书的程序和步骤，确保施工安全要求。悬挂装置安装过程中，调整悬挂前梁长度，使工作平台与墙面保持合理距离，以防止平台在运行中挂住墙面凸出物。悬挂支架组装完毕，检查螺栓和销子应安装齐全。吊篮平衡重必须保证足够数量和稳定力矩不小于两倍倾翻力矩。必须先压放平衡重后，再安放镀锌钢丝绳。未压放配重之前，不得垂放镀锌钢丝绳。钢丝绳绳夹必须紧固可靠。安装前梁部位销子时，禁止不拴安全带俯身临边作业，松放钢丝绳时必须两人密切配合，严禁松放过快和让钢丝绳自由坠落，避免人被钢丝绳的惯性带动拽出建筑物，避免因冲击摆动而损坏建筑物。<br>4. 平台、提升机、安全锁的所有连接件必须齐全可靠。<br>5. 独立救生绳必须固定在建筑结构或牢固的稳定物上，并在尖锐棱角处采取措施以保护救生绳。<br>6. 在高空上篮或操作吊篮向高空运行时，必须正确系好安全带，用安全自锁器扣在独立救生绳上。<br>7. 操作人员必须年满 18 周岁，无不适应高处作业的疾病和生理缺陷。酒后、过度疲劳、情绪异常者不许上岗。<br>8. 上篮操作人员必须保证两名以上（单人吊篮除外）。<br>9. 操作人员发现事故隐患或者不安全因素，必须停止使用吊篮，报公司领导或厂家驻场人员处理。对管理人员违章指挥、强令冒险作业的，有权拒绝执行。</td></tr>
</table>

| 审核人 | | 交底人 | | 接受交底人 | |
|---|---|---|---|---|---|

1. 本表由施工单位填写，交底单位与接受交底单位各存一份。

2. 当做分项工程施工技术交底时，应填写“分项工程名称”栏，其他技术交底可不填写。